基于非连续面拓扑优化技术的数值极限分析方法研究及应用

黄齐武　贾苍琴　著

科学出版社

北　京

内 容 简 介

本书以面向工程应用的非连续面拓扑优化数值极限分析方法为主要研究对象，通过理论研究、数值模拟、程序编制、计算分析与工程应用等工作，系统探究数值极限分析方法在岩（土）体及结构破坏模式方面的应用策略。本书主要阐述岩土塑性力学极限分析基本理论，非连续面拓扑优化数值极限分析上限法的数学模型、优化求解及程序实现，涵盖平动、转动破坏模式的土体-结构相互作用机制和基于应变协调的强度参数的合理选择，以及（涉水）岩土边坡稳定性分析、砌（块）体结构稳定性、含回填土砌体拱桥结构极限承载力工程应用等内容。

本书适合岩土、矿山、水利等领域从事勘察、设计、施工等的工程技术人员使用，亦可供大专院校相关专业师生使用。

图书在版编目（CIP）数据

基于非连续面拓扑优化技术的数值极限分析方法研究及应用 / 黄齐武，贾苍琴著. -- 北京 ：科学出版社，2025. 6. -- ISBN 978-7-03-080518-8

Ⅰ. TU4

中国国家版本馆CIP数据核字第20249SG995号

责任编辑：周 炜 罗 娟 / 责任校对：任苗苗
责任印制：赵 博 / 封面设计：陈 敬

科学出版社 出版
北京东黄城根北街 16 号
邮政编码：100717
http://www.sciencep.com
北京华宇信诺印刷有限公司印刷
科学出版社发行 各地新华书店经销
*
2025 年 6 月第 一 版 开本：720 × 1000 1/16
2026 年 1 月第二次印刷 印张：9 3/4
字数：197 000

定价：98.00 元

（如有印装质量问题，我社负责调换）

前　言

稳定性分析或计算破坏荷载是岩土工程或结构工程中确保结构体系有足够的安全性而避免各种破坏发生的重要内容。在实际应用中，极限分析法被认为是分析稳定性问题最强大的直接方法。1975年，Chen出版的*Limit Analysis and Soil Plasticity*使得极限分析法在岩土工程中的应用达到巅峰，这是极限分析解析解法的极致时刻。极限分析与土体塑性之所以在岩土工程中被广泛接受，就在于这样的事实：在复杂受荷的岩土问题设计中，通过比较简单的极限分析计算，就能做出实际而又安全的决断。与有限元分析不同，极限分析为直接计算破坏荷载提供了一种有效方法，特别是在处理实际问题时，它的直观性和新颖性具有很大的优势。极限分析法可以简单而有效地帮助研究人员和工程师理解和解决实际问题，因此它的应用范畴不断拓展。

近年来，许多复杂条件下的稳定性问题采用数学规划和极限定理相结合的方式得以解决。本书的主要内容是发展一种基于新型而简单的离散形式和数学构造，即通过原始对偶内点法进行优化求解的数值极限分析上限法——基于非连续面拓扑优化技术的数值极限分析方法。本书内容主要分为四部分：首先，介绍岩土塑性力学极限分析基本理论，总结岩土破坏模式和速度场的构建方法，并采用常规的解析解法分析地锚板桩挡墙稳定问题；其次，针对非连续面拓扑优化技术，建立数值极限分析上限法的数学模型，并实现程序开发；再次，以边坡稳定问题为研究对象，基于平动模式的非连续面拓扑优化技术进行对比分析，验证方法的有效性和准确性；最后，在新型离散形式下，引入岩(土)体-结构相互作用机制，构建涵盖平动和转动的破坏模式，并以回填土砌体拱桥足尺破坏试验为对象，进行详细分析，拓展数值极限分析上限法的应用范围。同时，为确保数值极限分析上限法的态势一致性，提出应密切关注发挥强度参数的选择或应变协调性策略。本书从工程应用的角度探讨数值极限分析上限法在实际中的应用，同时兼顾其理论性和前沿性。

本书所述的相关研究工作，得到国家自然科学基金项目和中央专项资金的支持。

限于作者水平，书中难免存在疏漏和不妥之处，敬请读者批评指正。

作　者

2025 年 1 月

于育新花园

目　　录

第1章 绪　　论

稳定性(或强度)是土力学的两大主题(变形和强度)之一。根据传统土力学知识,稳定性问题的主要内容包括地基极限承载力、边坡稳定和侧向土压力等。但是，随着人类建设活动的逐步深入，稳定性问题出现许多新的内容，如隧道开挖面的稳定性以及块体材料的承载力等。目前，绝大多数岩土工程都涉及稳定性问题，而且稳定是保证结构安全的前提，因此对其分析理论和方法的研究具有重要的学术意义和工程实用价值。

对一般弹塑性材料而言，受荷作用直至破坏都要经过弹性、约束塑流和自由塑流三个阶段，而要得到比较完整的解，其计算过程都相当复杂，而且不便于实用。在土力学中，许多问题都是以塑性塌陷引起的破坏作为控制条件的。因此，发展直接而有效的方法来计算破坏荷载，其实际意义是不言而喻的。

破坏荷载可以通过基于塑性理论的各种方法来确定，主要有极限平衡法、滑移线法、极限分析法及弹塑性位移型有限元法等，这些方法假设材料为理想(刚)塑性体，尽管理论上并不严格，但也得到了广泛的研究和应用。极限平衡法在岩土工程中应用最为广泛，尤其在边坡稳定性分析方面。这种方法把稳定性问题简化为静力学问题，没有考虑材料的应力-应变关系，也没有考虑材料的流动法则，所以它是一种近似的解法。极限平衡法应用广泛的主要原因在于其处理不同加载条件、复杂的几何边界和土层等问题时相对简单；另外，各种极限平衡法商业化程序的应用，使得该方法更具吸引力。然而，分析中采用大量的假设条件，导致极限平衡法的精度很难量化。

特征线法，又称为滑移线法，是根据边界条件对土体极限平衡微分方程进行求解，从而导出极限平衡区的滑移线场和应力分布，计算得到的基础范围内的边界应力即为极限承载力(Michalowski and Shi，1993；Hansen and Christiansen，1969；Hansen，1961)。如果滑移线场区域的应力分布能够扩展到全部区域，而且满足静力场的要求，则滑移线法解就是下限解；若能建立与滑移线场对应的速度场，而且满足运动场的要求，则滑移线法解就是上限解；若同时满足上述两种要求，则滑移线法解就是极限荷载的精确解。

滑移线法的数值解和图表解在实际问题中的应用都局限于相当简单的情况。主要问题在于扩展的塑性应力场很难同时满足平衡方程、屈服准则和边界条件。大多数情况下，速度特征线往往不能确定，这样相应的应力特征线本身就不能代表完整解。另外，正如极限平衡法一样，滑移线法也没有考虑材料的本构关系，仅部分区域满足平衡方程。更为重要的是，滑移线法缺乏通用性，对于复杂的几何边界或加载情况问题就无能为力。

随着极限分析理论的发展，尤其是 Drucker 等(1952)证明了上、下限定理之后，各种稳定性问题都可以严格地通过上、下限定理来界定破坏荷载。其中,下限定理阐述了通过静力容许应力场计算得到的荷载总是小于破坏荷载的真值,静力容许应力场在连续体内满足平衡方程、应力边界条件和屈服准则;而上限定理阐述了通过机动容许速度场计算得到的作用荷载和体力不小于破坏荷载真值,机动容许速度场必须满足相容性、速度边界条件和相关联流动法则。

在稳定性分析问题中，极限定理的有效性是显而易见的。因为稳定性问题的真解采用其他方法是难以确定的，而极限分析的上、下限定理则可以界定真值。根据极限分析上、下限定理计算得到的结果可以作为其他非严格方法计算结果的基准尺度(benchmark)：①解法严格；②从应用角度而言，真值能界定在相当小且准确的范围内；③破坏形式不需要事先假定。但受计算条件和方法的限制，传统意义上的极限分析并未充分发挥作用。

随着计算机技术的发展，弹塑性位移型有限元方法在破坏荷载问题的确定中得到了普遍应用。与极限平衡法和滑移线法不同的是，基于弹塑性理论的有限元法可以提供应力和应变分布的计算结果。在有限元分析中，可以模拟与理想塑性材料不同特性(如应变软化和硬化)、复杂加载条件和几何形状、加载历史以及孔隙水压力的生成和消散等情况。每个有限单元节点的应力和应变对应给定的本构关系，并满足平衡方程、相容性和边界条件。尽管有限元法优势明显，但是也只能提供近似解。另外，有限元法往往需要很大的计算成本和很长的时间，而且复杂的本构关系使得该方法在面向实际运用时存在较大的困难。

尽管极限分析法中的上、下限定理可以严格地界定破坏荷载的真值，是岩土工程稳定性问题的重要计算手段，但是采用人工构造应力场和速度场来获得优化解是相当困难的，再应用于实际工程问题几乎是不可能实现的，这就是极富潜力的极限分析法未得到充分利用的主要原因之一。在进行极限分析时，目标就是要寻求优化解——最大的下限解和最小的上限解。随着计算机技术和数值计算能力，尤其是数学规划理论的快速发展，数值极限分析在工程问题中得到应用成为可能。另外，对于受荷作用的结构，进行设计时总是考虑留有一定的安全余量(safety margin)，因而合理而有效地计算破坏荷载在安全性、经济性和时间方面都可以节省大量成本。

基于塑性力学上限定理的极限分析方法理论基础严密，其得出的破坏模式有助于掌握结构体系的力学性能，因而其数值理论研究和应用具有较强的现实意义。

综上所述，本书主要对数值极限分析上限法用于求解破坏荷载时存在的问题及算法进行研究，并就其用于更多的实际工程问题的可行性和有效性进行研究探讨。下面详细回顾一下数值极限分析方法的理论发展及研究现状。

1.1　数值极限分析方法的理论发展及研究现状

从数学角度来看，极限分析的上、下限定理是互为对偶的命题，其示意图如图 1.1 所示。因为上限定理和下限定理之间存在必然的联系，因而在介绍数值极限分析上限法的同时，不可避免地会涉及数值极限分析下限法的发展。

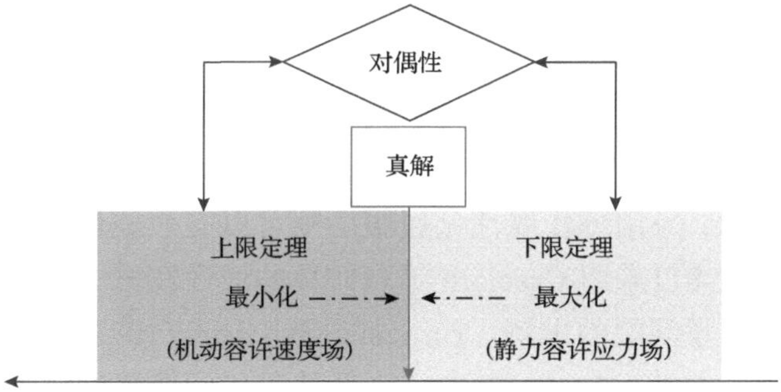

图 1.1　上限定理与下限定理的相互关系

极限分析的计算起源于结构分析领域，并且是由下限法开始的。Kazinczy 和 Kist 通过对连续梁的极限承载力进行研究，提出只要满足平衡方程且梁的任何截面都没有出现达到使梁破坏的弯矩时，结构便不至于破坏，这实际就是下限定理的雏形。1940 年，Van 从实际工程的角度强调了结构极限设计的实际意义，并且出版了第一本关于极限设计的专著。Drucker 和 Prager(1952)最早将极限分析原理应用于求解土工问题；而 Chen(1975)的专著 *Limit Analysis and Soil Plasticity* 则完全奠定了极限分析方法成为岩土工程领域有效计算手段的理论基础，并达到极限分析解析解法的一个巅峰。

数值极限分析法可以追溯到 20 世纪 60 年代中期。Koopman 和 Lance(1965)首先利用下限定理和线性规划技术研究了满足线性化屈服准则条件下方形板的承载力问题，发现静力容许应力场只需在网格的离散点处而非整个物体内得到满足。Ceradini 和 Gavarini(1968a，1968b)、Laudiero(1972)以及 Faccioli 和 Vitiello(1973)在板的稳定性研究中也采用了下限定理与线性规划相结合的方法。

数值极限分析上限法经历了半个多世纪的发展演变，至今仍是理论研究的热点问题之一。下面分别从数值极限分析上限法的单元离散及变量形式、算法研究、数值极限分析的其他方法及应用等方面进行回顾和总结。

1.1.1 数值极限分析上限法的单元离散和变量形式

数值极限分析上限法的主要特点是：通过检验位移协调条件获得优化问题的解，进而构造机动容许速度场。Hodge 和 Belytschko(1968)最早采用该思想处理二维平面问题和板问题。以 Airy 应力函数为基本变量，通过插值，将应力函数以单元节点处的变量来表示；单元边界的连接条件通过消除自由度来实现，单元间可以出现应力间断，并采用非线性规划算法进行最小化求解。Hutula(1976)采用相同的思路，推导出数值极限分析上、下限法统一的有限元格式，然后借助线性规划方法得出问题的真正解答。

Casciaro 等(1971)选择二次应力形式进行单元离散，发现需要花费较大的成本来检验每个单元的屈服条件。最后建议采用线性离散，这样仅需在单元节点处检验屈服条件；采用分段线性化屈服准则可以有效地借助线性规划进行求解。Christiansen(1981)采用 Casciaro 等(1971)的线性离散方式来避免较大的优化成本，以实现极限问题的求解。Turgeman 和 Pastor(1982)在轴对称问题中也采用了这种方法，其中，Mohr-Coulomb 条件采用线段线性化近似，锥体由多面体代替。这一思想仍被研究人员采用，如 Sloan(1989)、Yu 等(1998)、Ukritchon 等(2003a，1998)。

Krabbenhoft 和 Damkilde(2002)采用高级单元的三角形板形式，利用扭转弯矩来构造速度非连续面，其构造形式非常新颖；但是，仅在板的受荷特性中应用，在其研究板桩侧向受荷特性时也使用该方法的上限形式(Krabbenhoft et al.，2005a)。

由于无厚度速度间断面(非连续面)的引入，上限计算结果受非连续面的分布影响较大。因此，部分学者探讨了线性单元的上限有限元网格自适应技术，如 Borges 等(2001)、Christiansen 和 Pedersen(2001)、Lyamin 和 Sloan(2003)、Franco 等(2003)、Lyamin 等(2005)、Ciria 等(2008)。

在数值极限分析上限法的研究过程中，Bottero 等(1980)采用与 Lysmer(1970)下限法网格相同的形式，并采用笛卡儿坐标系统下的两个速度分量作为节点变量以及大量的未知塑性算子作为基本未知量。为模拟不可压缩条件下的不排水情况(Nagtegaal et al., 1974),有限元网格划分所使用的三节点常应变三角形单元必须以四边形和其两对角线形式(混合形式)生成。由于上限定理和下限定理的相互关系,这一要求逐渐成为下限有限元网格的主流形式。

由于单元速度分量线性变化,要满足上限定理条件,仅需在节点处确定相容约束。相似地,在三维极限分析上限有限元方法中,可以采用四节点四面体的简单方式对速度场进行离散,以寻求严格的上限解。尽管四节点四面体阶数比较低,但采用与二维情况同类型的分段式线性应力仍有较大优势:一方面,计算精度能满足工程需要;另一方面,同样只需在节点处确定相容约束。这样,程序的通用性更强,对二维问题和三维问题都能有效地解决。Lyamin 和 Sloan(2002a,2002b)、Yang 等(2003)、Salgado 等(2004)和 Ganneau 等(2007)在这方面进行了详细的验证和研究工作。

由上述研究工作可以看出,数值极限分析上限法应采用有限元形式来实现,节点速度矢量作为未知变量,相邻单元通过速度非连续面(velocity discontinuity)分离;速度非连续面增加了额外的自由度,远胜于完全连续的速度场。有限元法与数学规划相结合,将极限分析问题作为线性规划问题来研究,不但使问题求解更加方便,而且进一步推动了塑性极限分析这门学科的发展。

如今,有限元法已成为学术研究和工业应用中使用最广泛的工具。通过文献分析发现,有限元模型有三种基本类型,即位移形式、平衡形式和混合形式。在极限分析的情况下,Hodge 和 Belytschko(1968)、Nguyen-Dang(1976)、Krabbenhoft 和 Damkilde(2002)、Lyamin 和 Sloan(2002a)、Le(2010)对平衡形式进行了研究。位移形式可以在 Hodge 和 Belytschko(1968)、Anderheggen(1977)、Capsoni 和 Corradi(1997)、Krabbenhoft 等(2005a)、Le 等(2010c)、Bleyer 和 Buhan(2013)的相关文献中找到。混合形式允许直接确定应力和位移,并且可以避免体积锁定,但存在一个缺点,即得到的解缺乏状态信息,不清楚解是上限解还是下限解。极限分析的混合方法由 Christiansen(1996)、Capsoni(1999)、Yu 和 Tin-Loi(2006)进行开发。在 Tran 等(2014)、Le 等(2010c)的工作中,有限元法结合二阶锥规划(second-order cone programming,SOCP)也被应用于解决极限分析问题。在 Le 等(2013,2010b)、Tran 等(2010)、Nguyen-Xuan 等(2012)、Ho 等(2019)的研究中,一种改进形式的光滑有限元法(smoothed finite element method,SFEM)已扩展到直接分析。除有限元法和光滑有限元法外,另一种基于网格的边界元法(boundary element method,BEM)已成功应用于极限分析,其贡献可以查看 Panzeca(1992)、Zhang 等(2004)和 Liu 等(2005,2004)的相关专业文献。

因为计算效率的优势，无网格方法不断发展，并广泛用于极限分析问题。自然单元法（natural element method）用于处理极限分析问题，如 Zhou 和 Liu（2012）、Zhou 等（2012）。Chen 等（2008a，2008b）采用无单元伽辽金（element-free Galerkin，EFG）法与非线性规划相结合来求解极限分析的优化问题。Le 等（2012，2010a，2009）采用 EFG 法，结合稳定相容节点积分方法和 SOCP，求解上限和下限问题。类似地，基于无网格的径向基函数的径向点插值法（radial point interpolation method，RPIM）也用于处理上限分析问题，如 Liu 和 Zhao（2013a）的研究。

1.1.2 数值极限分析上限法算法研究

尽管数值极限分析法取得了显著的发展，但由于其计算效率低，难以处理大规模的线性矩阵，距离应用到实际工程问题仍有很长的路要走。因此，必须在算法上寻求突破，提高计算效率。

Anderheggen 和 Knöpfel（1972）以及 Bottero 等（1980）对平面应变问题的数值极限分析形式进行了一定的改进。为提高线性优化算法的计算效率，Anderheggen 和 Knöpfel（1972）提出了修正单纯形算法，在下限法中采用笛卡儿坐标应力张量分量作为节点变量进行计算。Bottero 等（1980）在上述方法的基础上，考虑应力和速度间断面以及扩展单元，提出了通用的方法。Yu 等（1994）提出采用线性应变三角形代替混合四边形的上限法有限元计算网格。线性应变单元的引入，不仅减少了单元数量，而且不需要四边形单元的限制就能模拟不可压缩特性。

Sloan（1988a）采用线性规划最陡边有效集法（the steepest edge active set algorithm）求解二维上限问题，为数值极限分析上限法的实践应用提供了可能。最陡边有效集法对数值下限问题和上限问题所产生的极其稀疏矩阵非常有效。

整体而言，上述的所有形式都是基于二维极限分析的，且采用最简单的方法——单纯形法及其修正方法来求解线性规划问题。这些方法思路简单，易于实现，但是其搜索时间长，迭代次数多。如果问题中的单元和应力或速度间断面的数量较少，也可以采用最陡边有效集法（Sloan，1988a）或拉格朗日增量法（Jiang，1995，1994），也就是说，对于变量数量不太多的情况这些方法是非常有效的。Karmarker（1984）提出一种内点算法，通过引进变量将原问题转化为标准的内点法问题，将原问题的可行域（feasible region）仿射（affine）为单位球体区域，在仿射后的单位球体区域内向目标函数值减小最快的方向移动，寻求问题的最优解，最后进行逆变换，将得到的解转换回原来的可行域。这种方法适用于中、小规模的线性优化计算，并且有一定的计算效率。杨小礼等(2001)用这种方法求解了表面基础的上限承载力。关于数值极限分析中其他的一些算法可参见相关文献(Kobayashi，2003；Lyamin and Sloan，2002b；Borges et al.，1996；Zouain et al.，1993；Christiansen and Kortanek，1991；Herskovits，1986)。

无论是基于下限法、上限法还是精确(混合)方法，大多数极限分析有限元优化形式的本质在于屈服条件的处理。尽管非线性屈服准则的线性化近似在简单变形模式下(二维和轴对称加载)容易实现，但是对三维情况则很难处理；而且线性化过程会产生大量的附加不等式约束，计算成本将会迅速增长。例如，对 von Mises 屈服准则而言，采用 32 个线性不等式来近似屈服准则，才能满足误差不大于 5%的要求。另外，非线性规划虽然比较复杂，但是却可以避免屈服约束的线性化近似，并且在二维和三维情况下的应用更加广泛，尤其对于屈服条件中含有凸点的准则，如 Mohr-Coulomb 准则。

Maier(1969)、Lysmer(1970)、Anderheggen 和 Knöpfel(1972)以及 Bottero 等(1980)早期通过线性化屈服函数，将极限分析归结为线性规划，所使用的算法和程序是成熟和强大的。但是，优化问题的规模取决于离散的细度(fineness)和屈服面的近似面数(facets)，即使采用最优的线性规划算法，在大规模问题上也是非常困难的。从某种程度而言，上述问题可以通过强大的计算能力和大规模线性技术来解决。例如，Sloan(1988a)发展的有效集线性算法特别适用于数值极限分析的下限法和上限法；Andersen(1996a)、Andersen 等(1996)采用预示内点法来求解大规模线性问题；Pastor 等(2003)主要利用商业化线性程序 XA(基于内点法)来进行计算。

近几十年，在极限分析中出现的适于大规模计算的有效算法，逐渐由线性规划向非线性规划过渡。Belytschko 和 Hodge(1970)及 Gao(1988)没有采用线性化屈服条件，Zouain 等(1993)首次利用非线性规划的可行方向法对超过 1000 个单元的结构进行分析。Andersen(1996b)、Andersen 等(1998)、Andersen 和 Christiansen(1998)及 Andersen 等(2000)采用不同的方式，基于内点法中合适的优化算法，利用总和最小法则求解极限分析问题。Lyamin 和 Sloan(2002a，2002b)在 Zouain 等(1993)算法的基础上进行了修改，并将其应用于岩土力学的各种稳定问题。而 Krabbenhoft 和 Damkilde(2003)基于通用(光滑)的非线性屈服准则，提出了新的内点法。Tin-Loi 和 Ngo(2003)采用更为通用的非线性求解器 CONOPT 和 MINOS，但是没有提供计算效率的具体细节。Yang 等(2003)及 Li 和 Yu(2005)利用非线性方法研究了极限问题。

国内在岩土领域数值极限分析方面的研究和理论工作主要集中在上限定

理方面。陈祖煜(2003，2002)提出了上限形式的能量法，并在二维和三维的边坡稳定问题中得以应用；Wang(2001)在其基础上讨论了非关联流动法则对边坡和地基极限承载力的影响。杨小礼等(2001)采用线性规划内点法解决了二维上限法的优化问题。杨洪杰等(2004)采用序列二次规划(sequential quadratic programming，SQP)法对边坡和地基极限承载力问题进行了求解，但是问题类型简单，网格数不多，由此可以看出SQP法求解非线性规划问题的局限性。对于数值极限分析下限法，李国英和沈珠江(1997)在Sloan(1988b)方法的基础上求解了二维表面基础的地基承载力和土坡稳定问题。李泽和王均星(2007)在ANSYS和Lingo软件基础上，实现了数值极限分析下限法的求解，但是其计算仍属于中等规模。因此，国内数值极限分析下限法的研究仍处于起步和探索阶段，与国外的理论研究水平存在一定的差距。

Andersen和Christiansen(1998，1995)使用的方法是最有效的，主要原因在于他们采用了高度适用于专业问题的优化算法,但该方法仅适用于von Mises类型的屈服函数。受可能不可微(non-differentiability)和Hessian矩阵可能奇异等因素的影响，开发适合处理非线性屈服函数的算法是相当复杂的。Zouain等(1993)、Borges等(1996)和Zouain等(2002)采用的数值算例都囿于von Mises屈服准则,适合处理带凸点锥形(Mohr-Coulomb准则、复合准则等)问题,Pontes等(1997)对带凸点锥形准则进行了实质性的改进。Lyamin和Sloan(2002a，2002b)求解了涉及黏性-摩擦材料的几类问题，但为了处理不可微问题，采用了光滑Mohr-Coulomb屈服面的方法。Krabbenhoft等(2005b)也涉及了黏性-摩擦材料的例子，但是没有探讨如何处理屈服面的凸点问题。

从理论角度来说，上述极限分析法同样适用于三维问题。但是，对于三维屈服准则的线性化使得优化问题的约束产生了大量线性不等式，致使凸点到凸点的搜索对单纯形法和有效集法都难以实现(Lyamin，1999)。因此，必须与非线性规划技术相结合才能实现三维数值极限分析。

值得一提的是，Andersen等(1998)及Christiansen和Andersen(1999)采用总和最小法则对非线性规划中常用的非闭合(无限)屈服准则进行了求解，为其他非线性算法的应用奠定了基础。

整体而言，目前数值极限分析上限法采用非线性规划法求解主要有以下两种形式。

一种形式就是把非线性约束最优化问题转化为无约束优化问题。这类方法实质上主要是罚函数法，通常称为序列无约束极小化方法(sequential unconstrained minimization technique，SUMT)。根据罚函数类型又可以分为两种：精确罚函数和乘子罚函数。前者主要是在目标函数上增加一些由约束函数组成的惩罚项。在实际应用中，通常求解若干个由精确罚函数所产生的无约束优化问题，在确定了参数的精确值以后，再求解一个这样的无约束优化问题即可。乘子罚函数是在约束问题的 Lagrange 函数中增加一个惩罚项。这类方法的基本思想是利用约束问题的近似 Lagrange 乘子所提供的信息，在有限次调整惩罚参数的值之后即可令其保持不变，而在每次迭代中用某一乘子修正公式来对 Lagrange 乘子向量进行修正，通过求解一系列乘子罚函数的无约束极小化问题来找到约束最优化问题的最优解，从而不需要惩罚因子无限地趋向于无穷大或零。由于精确罚函数法和乘子罚函数法对问题的函数性态要求比较低，同时只要实现方式恰当，就可以保证有较好的收敛速度与数值稳定性(François et al., 2007；Seitzberger and Rammerstorfer, 1999；Yang, 1993；Basudhar et al., 1981)。

另一种形式就是比罚函数类方法更直接的 SQP 法。该方法直接利用原非线性约束问题的有关信息来构造某一比较简单的近似优化问题，通过求解该问题来给出对当前迭代点的修正。虽然有时将约束非线性规划问题用线性约束问题来近似，但是常用的方法是用一系列的二次规划来逐次逼近原非线性约束规划问题。早期的 SQP 法存在诸如只有局部收敛、二次规划子问题可能不可行或者有无界解等缺点，但是经过人们对其不断进行改进与进一步的发展，现在 SQP 类方法已经成为求解约束非线性优化问题最有效的一类方法。杨小礼(2002)、杨洪杰等(2003)、Chen 等(2005, 2003)基于 SQP 法对地基极限承载力或边坡稳定问题进行了计算，但是，计算规模都比较小。正如 Yang 等(2003)指出的，SQP 法一般不能用于大规模的有约束非线性规划问题的求解，因为可能会出现计算误差增大和收敛速度变缓等问题。

非线性屈服函数可以通过牛顿型算法直接用于非线性规划中，使用 Lagrange 算子消除线性或非线性约束是解决问题的重要步骤。然后，可以使用多种迭代方法处理无约束泛函公式。致力于此类算法的开发，可以参考 Gaudrat(1991)、Zouain 等(1993)、Liu 等(1995)、Andersen 和 Christiansen(1995)、Andersen 等(1998)相关文献。Mackenzie 和 Boyle(1992)、Ponter 和 Carter(1997)、Boulbibane 和 Ponter(2005)使用了弹性补偿方法作为非线性规划技术的直接方法。在这些研究中，每个单元的杨氏模量在线弹性有限元迭代时被修改，随后在每次迭代后获得优化的静力容许应力场，从而得到上限解和拟下限解。与线性化技术类似，计算成本高是该过程应用的主要障碍。

还有一种先进的原始对偶内点算法被引入，屈服函数的非线性条件可以转化为具有大量变量和非线性约束的 SOCP 问题，然后求解具有线性目标函数和由若干锥定义的可行域的极小化问题，这种方法的优点是能够在几十秒内解决具有数千个变量的大型问题。Nesterov 和 Nemirovskii(1994)、Ben-Tal 和 Nemirovski(2001)、Renegar(2001)、Andersen 等(2003)、Makrodimopoulos 和 Bisbos(2003)、Bisbos 等(2005)、Makrodimopoulos(2010)的研究都对该方法有重要贡献。

1.1.3　数值极限分析的其他方法

刚性块体分析法(rigid block analysis)是一种数值极限分析计算方法，现在广泛应用于分析拱桥砌体重力结构等。Livesley(1978)首次利用线性规划方法求解数值极限分析下限法问题，随后扩展到三维块体系统(Livesley，1992)。值得注意的是，Boothby 和 Brown(1992)以及 Boothby(1994)基于能量泛函的极值特性建立块体结构的稳定性判据。Gilbert 和 Melbourne(1994)、Melbourne 和 Gilbert(1995)通过实验和理论研究，指出摩擦因素在多拱圈拱桥结构分析中尤其重要。Baggio 和 Trovalusci(2000，1998)提出了面向计算机化的极限定理混合形式的数学规划方法。随后，Ferris 和 Tin-Loi(2001)开发了一个高效、强大的松弛方案，可以对二维块体进行直接最小化。事实上，关于刚性块体结构的数学规划问题的极限分析构造涉及几个方面的问题：接触界面的建模、屈服函数和相互作用效应的定义，以及塑性应变的流动规律假设。依据所选择的建模方法，极限分析问题最终形成线性或非线性的数学规划问题。屈服条件控制方程的非线性来源和数量与接触面的相互作用密切相关(Orduña and Lourenço，2005a, 2005b；Baggio and Trovalusci，2000)。

利用数值极限分析上、下限定理的对偶性，可以构造极限分析数值混合法。该方法基于 Karush-Kuhn-Tucker 定理引入极限荷载系数，其实质是鞍点(saddle point)问题。极限分析数值混合法(鞍点问题)的优势在于可以同时求解破坏时的速度场和应力场，并直接界定极限荷载的范围。Casciaro 和 Cascini(1982)提出了速度和应力相关联的线性单元，单元间存在不可压缩的非连续和假设的速度场，或其对偶形式——应力场；Lagrange 离散导致仅在弱的方向检验平衡和流动法则。Christiansen 和 Andersen(1999)采用常应力单元提出略微不同的方法，并确定了收敛定理；而且数值极限分析上、下限定理数值离散形式的对偶性也得到了严格证明。Capsoni(1999)利用对偶性对平面应变极限问题进行了研究；Francescato 等(2001)采用混合法研究了孔隙金属材料的脆性破坏。Yu 和 Tin-Loi(2006)在 Anderheggen 和 Knöpfel(1972)的基础上采用四节点四边形单元，克服不可压缩锁定，利用 GAMS 程序进行了平面问题的数值极限分析下限法计算。

当然，也有异于上述形式的计算方法。在安定分析 Melan 定理(数值极限分析下限法是其特例)计算的基础上，Heitzer 和 Staat(2003)建议在残余应力空间采用折减技术(弹性解用来平衡外荷载作用)使非线性规划成本较低。Boulbibane 和 Ponter(2014)提出另一种方法：通过迭代程序，使用弹性有限元建立一系列平衡应力场(以弱的概念)，利用渐近光滑区域实现屈服。上述方法比较特殊，本书不详细叙述。

综上所述，从实现方法角度出发，极限定理(包括上限法和下限法)数值法的各种形式见表 1.1，限于篇幅，各方法作者及出处未能详尽列出。

表 1.1 数值极限分析法实现方法和屈服准则处理汇总

下限法	上限法	混合法
1. 非连续应力非线性规划和屈服准则 (Lyamin, 1999; Belytschko and Hodge, 1970)	1. 非连续速度探试最小化 (heuristic minimization) (Gaudrat, 1991; Clément, 1982)	1. 线性化屈服准则和速度连续、应力非连续线性规划 (Casciaro et al., 1971)
2. 基于应力空间折减技术的非线性规划和屈服准则 (Heitzer and Staat, 2003)	2. 非连续速度线性化屈服准则和(非)线性规划 (杨洪杰等, 2003; Yan and Nguyen-Dang, 1999)	2. 连续速度和配点应力投影 Bingham 正则化法 (Mercier, 1977)
3. 线性化屈服准则和线性规划 (Sloan, 1988b; Christiansen, 1981)	3. 分割和部分正则化非连续速度 (Mercier, 1977)	3. 连续应力和速度及 Norton-Hoff 正则法 (Casciaro and Cascini, 1982; Friaâ, 1979)
4. 弱相容弹-刚性应力场迭代有限元和屈服准则 (Ponter et al., 2000)	4. 连续速度及 Norton-Hoff 正则化法 (Hamadouche, 2002; Jiang, 1994; Casciaro and Cascini, 1982; Friaâ, 1979)	—

除上述极限分析方法外，还有许多鲜为人知的技术。

不连续速度域分裂(discontinuous velocity domain splitting, DVDS)是一种上限法，最初由 Ionescu 和 Lachand-Robert 在 2005 年提出，并由 Ionescu 和 Oudet(2010)完善。DVDS 的工作原理是在连续体中形成和优化子域的几何形状。每个子域都与刚体运动相关联，将塑性变形限制在子域边界。该方法与刚性块体法的基础相同，但允许区域划分(类似于速度不连续)呈现任意形状。连续体中子域(类似于刚性块体)的任意形状和位置使得该方法比刚性块体分析更通用。Ionescu 和 Oudet(2010)已经证明，DVDS 可以通过合理的计算工作量为一系列稳定问题提供高精度的解决方案。

DVDS 避免了在构建网格方法时的许多困难，该方法可以准确捕捉破坏土工结构的速度场、材料特性和几何结构的变化。然而，人们已经注意到，子域难以用数学方式描述，并且子域的优化具有挑战性。目前，正在使用遗传优化算法进行求解。与网格方法的求解器相比，遗传优化算法消耗的计算机内存更少，但速度要慢得多，并且在找到全局解之前可能会停滞在局部最小值处。

受 Wilson 等(2011)的启发，Crumpton(2018)提出了一种半自动化的方法，用于优化具有大量刚性块体的破坏模式。该方案连续执行刚性块体细分和优化步骤，逐渐增加破坏模式的复杂性。虽然选择破坏模式的一般形式仍由分析人员负责，但分裂方法允许某些区域的几何体变形，从而模拟土体各向异性等现象。

Hambleton 和 Sloan(2013)提出了一种新技术，该技术使用刚性块体的网格，结合二次规划和节点坐标摄动方案来寻找临界破坏模式。与更传统的刚性块体法相比，新技术对分析问题的破坏模式要求较少，尽管它仍然需要指定块体的初始排列。

非连续面拓扑优化(discontinuity layout optimization，DLO)是 Smith 和 Gilbert 在 2007 年开发的一种上限分析技术。受 Alwis(2000)方法的启发，基于 Gilbert 和 Tyas(2003)发布的算法，非连续面拓扑优化用于桁架结构的离散布局或拓扑优化。DLO 将刚性块体法的简单性与数值极限分析法的通用性结合起来，从而使其成为适合实际工程应用的中间工具。

DLO 以桁架结构优化算法为基础，该基础是由 Dorn 等(1964)奠定的。1964 年，他们使用塑性理论和线性规划来生成最优结构设计。随后的发展允许考虑更复杂的问题，包括自重和多重荷载；Hemp(1973)对这些发展进行了系统总结。

Gilbert 和 Tyas(2003)描述的桁架优化算法首先用节点网格填充结构域，并指定施加的荷载；然后通过连接节点生成一组称为基结构的潜在构件。仅连接相邻节点形成的基结构称为最小连接，而通过将每个节点与其他任意节点连接形成的基结构称为完全连接。线性规划用于从基结构中选择在施加荷载时稳定的构件子集，并使桁架重量或成本最小化。为了确保使用这种离散方法计算的结构精确地近似于连续体中的最佳结构布局，基结构必须包含许多潜在构件。这导致难以在实践中解决大量的线性规划问题。

为重新塑造岩土上限分析的桁架优化算法，Smith 和 Gilbert(2007)利用了最佳结构布局和上限速度场之间的相似性。Gilbert 和 Tyas(2003)从结构连续体中选择一组构件以形成最佳桁架布局，Smith 和 Gilbert 的算法从土体中选择一组速度不连续面以形成最优刚性块体破坏模式。黄齐武(2019)对 Gilbert 和

Tyas(2003)基结构的杆件通过增加单一方向逼近的方法进行改进，通过增加杆件和删除冗余的双向逼近进行最优解求解，极大地提升了计算效率。

自DLO概念提出以来，许多研究人员对其功能进行了测试和扩展。Clarke等(2010)使用结构元件和土体-结构界面上的对数螺旋不连续性评估了锚定板桩墙的稳定性，考虑了结构转动破坏。Babiker 等(2010)研究了非关联材料模型的使用。随后，Smith 和 Cubrinovski(2011)研究了拟静态地震荷载对Port岛和Maya码头的影响，证明了DLO解决岩土工程实际问题的能力。黄齐武(2019)对块体结构(含回填土拱桥结构)的稳定性进行了系统分析，进一步拓展了极限分析的应用范畴。

Hawksbee(2012)使用SOCP解决了第一个三维DLO问题。该研究具有重要的理论意义，但尚未采用密集网格以达到适合实际应用的效率或精度水平。Zhang(2017)通过引入一种生成三维DLO网格的多切片策略，扩展了Hawksbee的工作。与之前的二维网格生成技术不同，Zhang的方法在节点网格上构造了一组有效的不连续点，将研究问题的区域分割成不连续点，然后相应地添加节点。Smith 和 Gilbert(2013)将非线性不连续面引入DLO网格，以便在纯黏土中模拟转动破坏模式。

Bauer 和 Lackner(2015)、Crumpton(2018)为DLO提出了一种自适应网格细化策略，该策略调整节点位置以获得更精确的解决方案。尽管该方法基于Smith 和 Gilbert(2013)的初始算法，但似乎没有采用与DLO相同的迭代优化程序或节点之间的高度连接性。

非连续面拓扑优化是刚性块体极限分析的简单性和有限元极限分析的普遍性之间的折中，成为解决实际岩土稳定性问题的有力方法。该方法自2007年创建以来，DLO的功能得到了显著扩展，但很少有关于提高其效率的发展报告。

总体而言，极限分析有限元的非线性规划形式是主流手段。由于非线性规划是数学规划的难点，其算法种类繁多，而且新算法层出不穷，二次规划、半正定规划是研究热点，因而很难有通用有效的算法，只能具体问题具体分析。因此，对数值极限分析上限法中的数学规划问题及其求解算法的研究仍需深入开展。

1.1.4 数值极限分析方法的应用

随着计算条件和方法的突破，极限分析有限元法的稳定性问题应用内涵不断扩大。

自从 Drucker 和 Prager(1952)将极限分析法应用于土力学后，极限分析法在土坡稳定性、地基极限承载力、侧向土压力等方面得到了广泛应用(Schmüdderich et al.，2020；Chen et al.，2005；Kim et al.，2002，1999；Wang，2001；陈祖煜和汪小刚，2000；Yu et al.，1998；Donald and Chen，1997；Jiang and Mangan，1997；Basudhar and Singh，1994；Chen and Liu，1990；Sloan，1989，1988b；Baker and Frydman，1983；Chen，1975；Chen and Snitbhan，1975；Anderheggen and Knöpfel，1972；Chen and Giger，1971；Lysmer，1970)。

极限分析上、下限解的数值计算方法已突破了目前计算地基极限承载力问题的框架，避免了根据经验公式而引起的各种局限，从而可以获得满意的结果，如 Hjiaj 等(2005，2003)、Salgado 等(2004)、Bandini(2003)、Shiau 等(2003)、Ukritchon 等(2003a，1998)、Wang 等(2001)、Merifield 等(1999)、Frydman 和 Burd(1997a，1997b)、陈祖煜和高峰(1997)、Sloan 和 Kleeman(1995)、Drescher 和 Detournay(1993)、Sloan(1988b)，不仅验证了常用理论公式的准确性，也体现了数值方法在地基承载力计算中的有效性。

在 Sloan(1988a)的基础上，关于数值极限分析方法在盾构隧道开挖面稳定性(Senent et al.，2020；Wilson et al.，2013，2011；Augarde et al.，2003；Sloan and Assadi，1994，1991；Assadi and Sloan，1991)、基坑稳定性(Keawsawasvong and Ukritchon，2019；Cardoso et al.，2006；Ukritchon，1998)、地锚承载力(Merifield et al.，2005，2003，2001)和边坡稳定性(Shiau et al.，2023；Camargo et al.，2016；Loukidis et al.，2003；Kim et al.，2002，1999；Yu et al.，1998)等方面的应用都进行过深入的研究和探讨。Krabbenhoft 等(2005a)、Keawsawasvong 等(2022)分别利用三角形板单元、三维极限分析法对板桩和固定端头矩形及圆形桩侧向受荷特性进行了研究。

在砌块(masonry)结构的稳定性分析方面，包括结构面内和面外受荷作用，极限分析有限元法也有应用，如 Gilbert 和 Melbourne(1994)、Casapulla 和 D'Ayala (2001)、Ferris 和 Tin-Loi(2001)、Orduña 和 Lourenço(2003)、Gilbert 等(2006)都分别对此进行过研究。当然，上述方法绝大部分都是基于线性规划进行求解，上限问题的计算精度和实验结果比较吻合。只有 Sutcliffe 等(2001)对砌块墙的下限计算进行了探讨，块体-砌缝接触单元材料仅限双重屈服面线性近似简化的情况。需要指出的是，当砌块结构受面外荷载作用时(如地震)，必须考虑三维情况。Milani 等(2007)采用线性近似三维屈服准则情况下的上限法，对砌块墙体面外侧向受荷特性进行了研究。尽管对屈服准则的近似精度未进行任何探讨，但其理论意义是非常显著的。

Ganneau 等(2007)利用三维极限分析下限有限元法，采用 SQP 对水泥浆的受压细观力学特性进行了研究，但是文中并未对算法和网格的具体形式进行详细的探讨。

总体而言，随着研究的深入，数值极限分析法的应用范围将逐渐扩大，并最终成为一种通用的计算工具。

1.2 研究目的及研究内容

1.2.1 研究目的

尽管通过非线性规划分别构造了数值极限分析上限法和下限法并实现了求解，但是作者认为这些方法都没有有效地利用上、下限定理的对偶性，因而很难发现极限分析的本质。事实上，极限定理诞生的初衷就是分别从上限和下限来界定真值或其范围。上述极限分析有限元法无论采用线性还是非线性规划形式，都只是强调一点：尽一切可能使上限解的结果尽可能地接近真解。但是，有些方法甚至已经超出极限定理成立的基本条件，尤其在数值极限分析上限法中，许多学者考虑采用非相关联流动法则。必须指出的是，极限分析上限有限元法是基于非连续条件构造的；基于连续材料的非相关联流动法则下的上限定理已有学者进行过证明(Chen，1975)，但是对于非连续离散情况下的上限定理却没有相关文献报道。因此，作者认为，这些方法只能是一种“拟”上限法或“伪”上限法。

由前述内容可知，对偶性是极限定理的内在形式，在数学规划形式中必须得以体现，这样才能更好地体现极限定理的内涵。根据非线性优化理论，极限分析的上限定理和下限定理是互为对偶的，采用凸形规划可以很好地实现刚塑性极限分析有限元法中两者形式的相互转化。因此，对数值极限分析上、下限定理的对偶性进行研究也是很有必要的。

鉴于数值极限分析上限法的优越性，针对现有计算规模不大等问题，借助极限分析上、下限定理的对偶性，本书目的是探究数值极限分析上限法新的构造模式，并使之能应用到更广泛的稳定性问题中。事实上，非线性规划方法仍是理论研究的热点和难点，难以有功能强大的求解器胜任这些计算模拟，因此线性规划法仍是首选方法。本书主要分三部分：第一部分致力于数值极限分析上限法线性规划的研究和实现，详细论述数值极限分析上限法的 DLO 形式及理论，采用内点法进行求解；第二部分主要研究数值极限分析上限法模拟边坡稳定的关键技术，包括孔隙水压力的引入，以及安全系数的定义等内容，以丰富数值极限分析上限法的应用范围；第三部分着重研究数值极限分析上限法的应用，引入土体-结构相互作用机制，考虑结构的平动和转动破坏模式，针对砌块挡土墙结构、锚定板桩墙、基坑支护结构以及砌体拱桥结构的稳定问题分别进行探讨。

本书的研究将克服目前数值极限分析法的局限性，对其在理论研究和工程应用等方面的使用起到促进作用。研究成果不仅在学术上富有理论内涵，还有重要的工程应用价值。

1.2.2　研究内容

本书的研究内容概括如下。

第 1 章系统介绍数值极限分析方法数学规划理论及其算法方面的研究现状，以及在目前工程问题中的运用情况；针对目前数值极限分析方法理论和运用方面的局限性，确定本书的研究目标和重点内容。

第 2 章主要介绍极限分析理论的相关基本概念。包括理想塑性体的假设、虚功原理及方程、静力容许应力场和机动容许速度场概念。对下限定理和上限定理的内容、证明以及极限分析的求解方法均进行相关阐述，并以地锚板桩挡墙为例，采用解析解法对其特性进行分析。

第 3 章介绍非连续面拓扑优化数值极限分析上限法的数学形式以及线性规划模型的推导；详细介绍点阵离散及自适应节点连接或自适应杆件增加和删除策略，使得求解精度和效率都有一定的提高。

第 4 章详细研究数值极限分析上限法分析边坡稳定问题的主要技术。主要包括：孔隙水压力和安全系数的界定；由于 DLO 块体离散构造特殊，特别适用于复杂地层、几何形状、结构构造等问题，极大地丰富了数值极限分析上限法的应用范围。

第 5 章主要在第 3 章和第 4 章的基础上考虑土体-结构相互作用和结构单元的屈服类型，拓展结构单元的平动和转动破坏类型，分别就砌块挡土墙结构、锚定板桩墙、基坑支护结构以及砌体拱桥结构的稳定问题分别进行详细的论述和探讨。研究结果表明，本书 DLO 法用于涵盖土体-结构相互作用的复杂岩土工程稳定问题的求解是有效可行的。

第 6 章在研究工作的基础上对全书进行总结，得出一些结论，并对今后需要开展的研究工作进行展望。

第 2 章　极限分析的基本理论及求解方法

对于理想弹塑性材料结构，当荷载达到一定值时，结构可在荷载不变的情况下发生“无限”变形，这种状态称为极限状态。显然，极限状态是与一定的荷载值相对应的，这个荷载值称为结构的极限荷载，它是结构承载能力的一个表征值，体现了结构的塑性极限承载能力。

极限分析法是求解理想刚塑性体处于极限状态的普遍原理，包括上限定理和下限定理，是求解理想刚塑性体极限荷载的一种方法，通过对这两个定理进行分析，可以近似得到极限荷载值，还可以知道误差的范围，使用基于上限定理和下限定理的速度场和静力场方法，对极限状态下较简单的速度场和位移场进行分析，常常可以得到极限荷载十分接近的上限解和下限解，甚至精确解。这方面的工作已经取得了许多令人满意的成果。然而，对于许多二维和三维连续体，由于极限状态的速度场和静力场较复杂，使用经典的速度场和静力场进行求解还存在许多困难，得不到对极限承载能力较真实的判断。20 世纪 70 年代中期，随着计算方法的发展，特别是有限元方法的发展，人们开始寻求对结构承载能力进行数值分析的一般方法，主要有解析解法、变分法和数学规划法。因解析解法具有简单易懂、物理意义明确等特点，目前在工程中仍有广泛应用。本章对极限分析的基本理论进行阐述，并概括总结极限分析的求解方法，同时以地锚板桩挡墙为例，采用极限分析解析解法对其稳定性进行研究。

2.1　基本概念与极限分析原理

极限定理和解的唯一性定理在塑性力学理论中具有重要作用。极限定理属于能量法的范畴，其理论基础是能量守恒、虚功原理和变分极值定理。用极限定理可以直接求解结构在极限状态下的承载力而不需要涉及其他诸如平衡微分方程积分和复杂的应力-应变关系等问题，因为在塑性力学包括土力学中遇到的一般是非线性问题，所以上述特点是非常重要的。

众所周知，一个结构或一个变形体，在某种荷载的作用下，经过一定的加载历史，其相应的存在状态会发生某种改变。从力学角度来研究这个问题，可以通过结构或变形体内的应力场、应变场、位移场、速度场来描述该结构或变形体存在状态发生某种改变的方式和改变程度，因为结构或变形体处于某一受载状态时，其内部各个质点将处于相应的应力应变状态而形成应力场，同时各质点将发生位移而形成位移场。不同的受载状态在结构内部产生的响应是不同的，从而形成了不同的应力场或速度场，当结构受载处于将要破坏的极限状态时，其相应的应力场、应变场、位移场、速度场就是结构的极限应力场、极限应变场、极限位移场、极限速度场。对于理想刚塑性模型，当存在多于一个有效的滑移线场解时，由于解不是唯一的，就可能会产生判别上的困难。这种情况下不得不引入机动容许速度场和静力容许应力场作为判别选择的准则。因此，理想刚塑性的极限定理具有重要意义。这些极限定理可以导出一个用上限和下限来界定及逼近真解的有效方法来确定达到破坏的极限状态，如土力学中的稳定性分析问题，包括地基极限承载力、侧向土压力和边坡稳定问题。

通过极限定理求解极限荷载包括以下两种方法：一种是下限法，其计算极限荷载一般来说小于实际结果；另一种是上限法，其计算极限荷载一般来说高于实际结果。由理想塑性材料构成的结构经常会发生这样的情况：当荷载增加到某一数值时，结构达到承载能力的极限状态。一般来说，求解结构的极限荷载仅限于理想塑性材料，假设结构或物体的弹性变形与塑性变形相比小得多，可以忽略不计，且不考虑材料的硬化。

2.1.1 基本假设

1. 理想刚塑性假设

图 2.1 所示为土体典型的应力-应变关系。土体实际的应力-应变特性，由初始的直线部分逐渐达到顶点或破坏应力点，接着是应变软化和残余应力段。

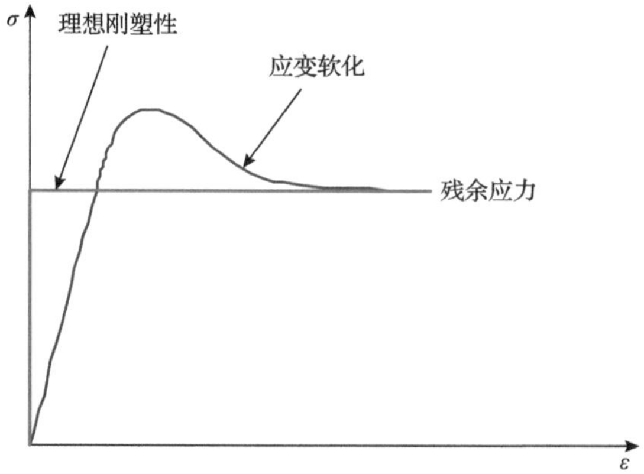

图 2.1 理想土体和实际土体的应力-应变关系

在极限分析中，往往忽略应力-应变关系中的应变软化阶段，即假设土体是理想塑性的。另外，材料破坏前的变形在极限分析中一般不予考虑，所以实质上采用的是理想刚塑性假设。

2. 屈服函数和流动法则

假设应力空间的坐标轴同时表示应力和塑性应变率，即每个 σ_{ij} 轴就是相应的应变率分量 $\dot{\varepsilon}_{ij}^{\mathrm{p}}$（$\dot{\varepsilon}_{ij}$）的轴，因此一个点就确定了一个塑性应变率状态。图 2.2 所示为这种应力与应变率相结合的图形。该图清楚地表达了流动法则的几何意义：塑性应变率的方向指向屈服面外部而且垂直于屈服面。塑性应变率对屈服面的这种正交性是流动法则的直接结果，它不仅适用于塑性材料，而且在适当的荷载空间也适用于由塑性材料制成的结构。在多数情况下，屈服面往往存在拐角或尖角，在拐角处，法向方向不是唯一的。对于这种情况，流动法则要求在相交的表面外法线所确定的扇形区域内，塑性应变率向量的方向可以是任意的。塑性应变率的这种非唯一性并不会对极限分析的运用造成障碍。

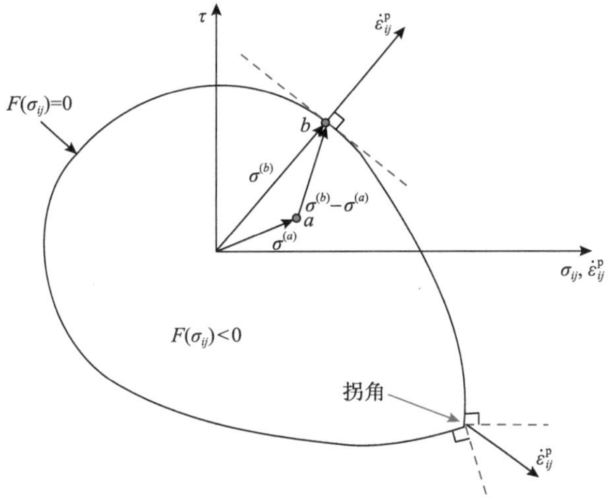

图 2.2　屈服面和流动法则示意图

图 2.2 中的屈服面是不对称的。这种不对称性和拉伸与压缩屈服应力是否相等对于极限分析定理的证明和推导没有影响。对屈服面形状的关键性要求就是屈服面必呈外凸性，即整个屈服面位于与屈服面相切的任一平面的同一侧。假设应力状态 $\sigma^{(a)}$ 是位于屈服面内（或上）的任意点，而 $\sigma^{(b)}$ 是位于屈服面上的另一任意点，这些应力向量的状态如图 2.2 所示。由图可以看出，对于凸形屈服面，向量 $\sigma^{(a)}-\sigma^{(b)}$ 与法向向量 $\dot{\varepsilon}_{ij}^{\mathrm{p}}$ 的数积不可能为负值，因为这两个向量的

夹角小于 90°。因此，屈服面的凸形性质与塑性变形的流动法则结合在一起，要求：

$$(\sigma^{(a)}-\sigma^{(b)})\cdot\varepsilon_{ij}^{\mathrm{p}}\geqslant 0 \tag{2.1}$$

2.1.2 极限分析法的理论基础

极限分析，就是要在一个确定荷载条件下，寻找一个应力场 σ_{ij} 和位移场 u_i 以及相应的应变场 ε_{ij}，并使它们满足一定的条件。满足条件的应力场就是静力容许的应力场 σ_{ij}^0，简称静力场；同时，满足条件的位移场及相应的应变场就可以得到机动容许的塑性变形位移速率场或位移速度场，简称机动场（图 2.3）。

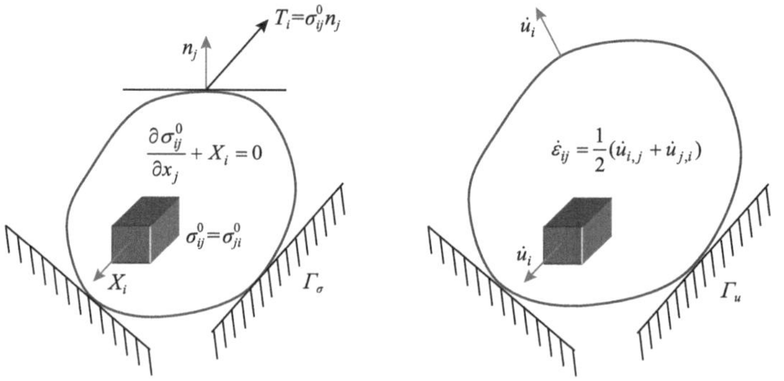

(a) 静力容许应力场　　(b) 机动容许速度场

图 2.3 静力场和机动场

1. 静力容许应力场

由前述内容可知，同时满足平衡方程和应力边界条件且处处不违背屈服条件的应力场称为静力容许应力场（图 2.3(a)），即如果在受力物体 V 中，存在某一应力场 σ_{ij}^0，同时满足以下条件：

(1) 在 V 内，满足平衡条件 $\sigma_{ij,j}^0+\rho b_i=0$。

(2) 在 V 内处处不违背屈服条件 $f(\sigma_{ij})\leqslant 0$。

(3) 在 V 的某个边界 Γ_σ 上，满足应力边界条件 $\sigma_{ij}^0 n_j=T_i$（T_i 为边界作用力，如图 2.3(a) 所示）。

这样的应力场 σ_{ij}^0 称为静力容许应力场。其中，ρ 为物体的密度，b_i 为单位体积力，n_j 为力边界 Γ_σ 法线的方向。

在一个受力体内，可以构造无数个符合上述条件的静力场。显然，这些静力场不可能都是真实的应力场。荷载作用下的真实应力场只是其中一个。在静力容许应力场中，应力分布可以是连续的，也可以有应力间断面。静力容许应力场不一定是真实的应力场，因此由应力场按照本构方程求出的应变率场 $\dot{\varepsilon}_{ij}^0$ 不必是相容的或机动容许的。

2. 应力间断面

为了找到下限解，对于给定的结构，必须定义一个静力容许应力场。一般的做法是：将结构划分为若干个子域，在每个子域的内部和边界上满足平衡方程且处处不违背屈服条件。换言之，静力容许应力场可以看成若干个静力容许应力场子域的集合。在每一个子域内，应力是连续的，然而，在子域的边界之间，应力可能不连续。图 2.4 说明了两个子域 a 与 b 之间边界的应力状态。

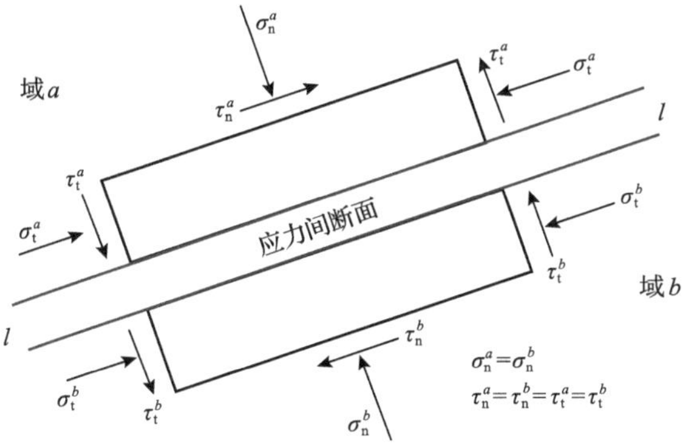

图 2.4　应力间断面应力状态

为了满足静力许可条件，平衡方程必须在子域内和子域之间的边界上得到满足。根据平衡条件(作用力与反作用力定律)，很明显，垂直于边界的正应力和剪应力必须连续，即

$$\sigma_n^a = \sigma_n^b\,,\quad \tau^a = \tau^b \tag{2.2}$$

另外，平行于边界的正应力可能不连续，也就是 $\sigma_t^a \neq \sigma_t^b$ 可能发生在子域边界之间。图 2.5 所示为应力间断面的 Mohr 圆，其更为形象地说明，两应力分量 σ_n 和 τ_n 在间断面 l 处是相同的，但圆 A 和圆 B 所表示的应力状态可以有完全不同的 σ_t 值。

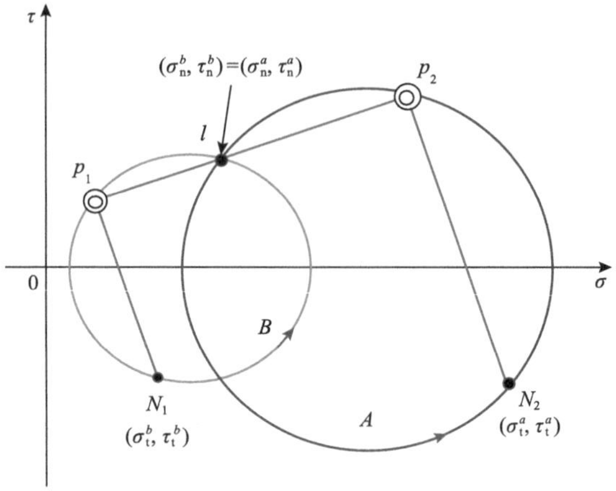

图 2.5　应力间断面的 Mohr 圆

3. 机动容许速度场

满足几何方程、位移边界条件、破坏机构条件的结构位移增量场称为机动容许速度场，否则是不可能出现的破坏形式(图 2.3(b))，即如果在受力物体 V 中，存在某一个速度场 $\dot{u}_i^*$ 和相应的应变率场 $\dot{\varepsilon}_{ij}^*$，同时满足以下条件。

(1)在 V 内满足几何相容性条件：$\dot{\varepsilon}_{ij}^* = \dfrac{1}{2}(\dot{u}_{i,j}^* + \dot{u}_{j,i}^*)$。

(2)在速度边界 Γ_u 上，满足速度边界条件：$\dot{u}_i^* = \dot{\bar{u}}_i$。

(3)满足外力功率大于等于零的条件：$\int_{\Gamma_u} T_i \dot{u}_i^* \mathrm{d}\Gamma + \int_V X_i \dot{u}_i^* \mathrm{d}V \geqslant 0$，或应力与应变率符合速率型本构方程：$\dot{\varepsilon}_{ij}^* = \dot{\lambda}\dfrac{\partial f}{\partial \sigma_{ij}^*}$。

这样的速度场称为机动容许速度场，相应的应变率场称为机动容许应变率场。

在一个变形体内，可以构造无数个符合上述条件的机动容许速度场和相应的应变率场；显然，它们不可能都是与真实荷载对应的真实速度场与应变率场，真实的速度场与应变率场只能是其中的一个。若按照相关联流动法则，则由 $\dot{\varepsilon}_{ij}^*$ 的方向可以确定出屈服面上的 σ_{ij}^*，这样的应力 σ_{ij}^* 称为机动场应力。显然，这样的从属机动场的应力不一定满足静力平衡方程与应力边界条件。

4. 速度不连续面

为了寻求上限解，对于给定的结构体，必须构造一个机动容许速度场。一般做法是：将结构体分成有限个子域，在每个子域内满足相容条件、流动法则和屈服条件。换言之，机动容许速度场可以看成一系列机动容许速度场子域的集合。然而，如果假定子域边界的厚度为零，那么发生速度突变的边界可以理想化为速度不连续面。这是一种理想化的做法，事实上，速度不连续在速度场中是不会发生的。图 2.6 表示两个相邻子域速度间断或不连续。

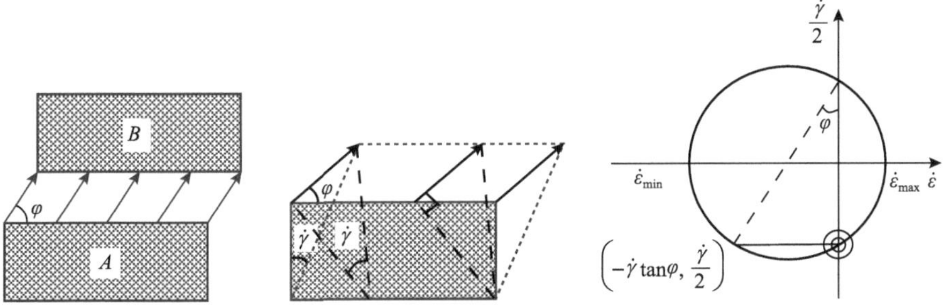

(a) 速度间断面图　(b) 简单剪切变形　(c) Mohr圆

图 2.6　速度间断面及变形图

图 2.6 所示为 Coulomb 材料简单的变形示意图及速度间断面图。对刚性块体而言，能量损耗与厚度无关，速度间断一般发生在较窄的过渡区域，如图 2.6(a)所示，因此间断区域一般理想化为无厚度区域。但由于问题的复杂性，往往需要将简单变形区域与刚性块体的滑动混合考虑，这样对研究物体的可能变形有利。图 2.6(b)所示为 Coulomb 材料的简单剪切变形，通过 Mohr 圆(图 2.6(c))可以建立压缩变形场与剪切变形场的相互关系。目前，速度间断区域一般采用平面和对数螺线滑移面两种形式。

当速度间断发生时，在子域集合的过程中，速度不连续面上的功耗并不消失，这与应力间断不同。因此，速度不连续面的存在对虚功方程有明显影响，也就是说，内能耗散不仅包括子域内的耗散，还包括子域交界面的内能耗散。

同样地，速度间断面的构造是上限定理的关键。上限定理是以相容条件和能量耗散为基础的，应力分布不要求满足平衡条件。值得注意的是，间断速度场不但提供了方便，而且往往还可以获得实际破坏模式或破坏机构。与此相反，间断应力情况虽然有用，但与实际状况很少相似。

2.1.3　虚功方程和虚功率方程

虚位移原理阐述为：一组静力平衡的力系在一组几何相容的虚位移上所做的虚功必须等于零。对于在荷载作用下处于平衡状态的塑性区，若给一个微小的虚变形，则外力(或荷载)所做的虚功必须等于内力(或应力)所做的虚功。

如此，虚功原理就是：对于一个连续的变形体，静力容许的应力场在机动容许的位移场上所做的外(虚)功等于内(虚)功。于是，如果用 T_i、W_i 和 σ_{ij}^0 表示一组平衡的荷载和应力，用 u_i^* 和 ε_{ij}^* 表示虚位移和相应的虚应变，虚功方程可表示为

$$\int_{\Gamma} T_i u_i^* \mathrm{d}\Gamma + \int_{V} W_i u_i^* \mathrm{d}V = \int_{V} \sigma_{ij}^0 \varepsilon_{ij}^* \mathrm{d}V \tag{2.3}$$

相似地，虚功率方程为

$$\int_{\Gamma} T_i \dot{u}_i^* \mathrm{d}\Gamma + \int_{V} W_i \dot{u}_i^* \mathrm{d}V = \int_{V} \sigma_{ij}^0 \dot{\varepsilon}_{ij}^* \mathrm{d}V \tag{2.4}$$

式(2.4)表明，对于一个连续变形体，静力场在机动场上所做的外(虚)功率等于内(虚)功率。需要注意的是，静力场 T_i、W_i、σ_{ij}^0 和机动场 $\dot{u}_i^*$、$\dot{\varepsilon}_{ij}^*$ 都不必是实际状态，也不要求这两个场彼此以任何方式相联系。

2.1.4　极限状态下应力场的唯一性问题

在极限状态下，结构具有一定的极限荷载，极限荷载的值与达到极限状态时的加载路径无关。因此，极限荷载的值也与初始状态无关。讨论极限状态下的应力场是否与加载路径有关，即讨论极值状态的应力场是否具有唯一性的问题。

刚塑性结构的体积为 V，表面积为 Γ，假设在极限荷载作用下存在两组不同的完全解，分别为 σ_{ij}、$\dot{u}_i$、$\dot{\varepsilon}_{ij}$ 和 σ_{ij}^*、$\dot{u}_i^*$、$\dot{\varepsilon}_{ij}^*$，两个极限应力场 σ_{ij} 和 σ_{ij}^* 均在极限曲面上，利用虚功率原理，可以得到以下几组关系式：

$$\alpha_1 \int_{\Gamma_\sigma} T_i \dot{u}_i \mathrm{d}\Gamma = \int_{V} \sigma_{ij} \dot{\varepsilon}_{ij} \mathrm{d}V,\quad \alpha_1 \int_{\Gamma_\sigma} T_i \dot{u}_i^* \mathrm{d}\Gamma = \int_{V} \sigma_{ij} \dot{\varepsilon}_{ij}^* \mathrm{d}V \tag{2.5a}$$

$$\alpha_1 \int_{\Gamma_\sigma} T_i \dot{u}_i \mathrm{d}\Gamma = \int_{V} \sigma_{ij}^* \dot{\varepsilon}_{ij} \mathrm{d}V,\quad \alpha_1 \int_{\Gamma_\sigma} T_i \dot{u}_i^* \mathrm{d}\Gamma = \int_{V} \sigma_{ij}^* \dot{\varepsilon}_{ij}^* \mathrm{d}V \tag{2.5b}$$

式中，α_1 为极限荷载算子；T_i 为极限荷载。由以上关系可得

$$\alpha_1 \int_{\Gamma_\sigma} [T_i(\dot{u}_i - \dot{u}_i^*) + T_i(\dot{u}_i^* - \dot{u}_i)] \mathrm{d}\Gamma = \int_{V} [\sigma_{ij}(\dot{\varepsilon}_{ij} - \dot{\varepsilon}_{ij}^*) + \sigma_{ij}^*(\dot{\varepsilon}_{ij}^* - \dot{\varepsilon}_{ij})] \mathrm{d}V \tag{2.6}$$

由于式(2.6)等号的左端为零，有

$$\int_{V} [\sigma_{ij}(\dot{\varepsilon}_{ij} - \dot{\varepsilon}_{ij}^*) + \sigma_{ij}^*(\dot{\varepsilon}_{ij}^* - \dot{\varepsilon}_{ij})] \mathrm{d}V = 0 \tag{2.7a}$$

或写为

$$\int_V [(\sigma_{ij} - \sigma_{ij}^*)\dot{\varepsilon}_{ij} + (\sigma_{ij}^* - \sigma_{ij})\dot{\varepsilon}_{ij}^*]\mathrm{d}V = 0 \tag{2.7b}$$

由 Drucker 公设可知，对于凸性极限曲面，式(2.7)中括号内的两项均不为负值，因而每项积分也不为负值，为了满足式(2.7)，应有以下规律：

(1)若 $\dot{\varepsilon}_{ij} \neq 0$，$\dot{\varepsilon}_{ij}^* \neq 0$，即在产生塑性变形的塑性区，有 $\sigma_{ij} = \sigma_{ij}^*$。

(2)若 $\dot{\varepsilon}_{ij} = 0$，$\dot{\varepsilon}_{ij}^* = 0$，即在没有产生塑性变形的刚性区，有 $\sigma_{ij} \neq \sigma_{ij}^*$ 或 $\sigma_{ij} = \sigma_{ij}^*$。

由以上两种情况的讨论可知，对于理想刚塑性体，其塑性区的应力是唯一的，而在刚性区的应力场并不唯一。

以上讨论是在极限屈服面严格外凸的情况下进行的。如果极限屈服面不是严格外凸的，如 Tresca 屈服条件的极限屈服面是一些平面，当 σ_{ij} 和 σ_{ij}^* 在同一平面时，由于 $\dot{\varepsilon}_{ij} = \dot{\varepsilon}_{ij}^*$，式(2.7)可以满足，但这时得不出应力场是唯一的结论。这种不唯一性，对按上、下限定理求得的极限荷载没有任何影响。

由 $(\sigma_{ij} - \sigma_{ij}^*)\dot{\varepsilon}_{ij} = 0$，有

$$\sigma_{ij}\dot{\varepsilon}_{ij} = \sigma_{ij}^*\dot{\varepsilon}_{ij} \tag{2.8}$$

式(2.8)表明，尽管应力场不唯一，但其单位体积的耗散功率是唯一的。由此可知，其极限荷载是唯一的。

对于刚塑性结构，在应力场唯一确定的区域内，应变率分量之间的比值是唯一确定的，而应变率的值不能唯一确定，即其位移速度场不能唯一确定，而只能确定运动趋势。但是在这些位移速度场中能够完成能量的耗散，即满足耗散能不为负值的要求。

2.1.5　极限分析理论

1. 下限定理的证明

下限定理可以叙述为：在所有与静力容许应力场对应的极限荷载中，真实极限荷载最大。利用 Hill 最大塑性功率与虚功率原理证明下限定理如下。

设极限荷载 T^{J} 对应真实应力场为 σ_{ij} (不考虑体力)，相应的位移速度场和应变率场分别为 $\dot{u}_i$ 和 $\dot{\varepsilon}_{ij}$；另有一任意的静力容许应力场 σ_{ij}^0 及与之对应的荷载

T^{L}，应力场和速度场都可以有不连续面。如果将真实的 $\dot{u}_i$ 和 $\dot{\varepsilon}_{ij}$ 视为虚速度和虚应变率场，分别对真实应力场和静力容许应力场应用有间断面的虚功率原理，则有以下结论：

(1)对极限荷载 T^{J} 及相应的真实应力场 σ_{ij} 与真实的 $\dot{u}_i$ 和 $\dot{\varepsilon}_{ij}$ 使用虚功率原理，有(以拉应力为正)

$$\int_{\Gamma} T_i^{\mathrm{J}} \dot{u}_i \mathrm{d}\Gamma = \int_V \sigma_{ij} \dot{\varepsilon}_{ij} \mathrm{d}V + \int_L (\sigma_{\mathrm{n}} \,|\, \Delta u \,|\, \tan\varphi + |\, \tau \Delta u \,|) \mathrm{d}L \tag{2.9}$$

真实的 σ_{ij} 和 $\dot{\varepsilon}_{ij}$ 满足塑性速率本构关系，处于极限状态时，速度不连续面上的应力满足 Mohr-Coulomb 屈服准则：$|\tau| = -\sigma_{\mathrm{n}} \tan\varphi + c$，代入式(2.9)可得

$$\int_{\Gamma} T_i^{\mathrm{J}} \dot{u}_i \mathrm{d}\Gamma = \int_V \sigma_{ij} \dot{\varepsilon}_{ij} \mathrm{d}V + \int_L c \,|\, \Delta u \,|\, \mathrm{d}L \tag{2.10}$$

(2)对静力容许状态的荷载 T^{L} 及对应的应力场 σ_{ij}^0 与真实的 $\dot{u}_i$ 和 $\dot{\varepsilon}_{ij}$ 使用虚功率原理可得

$$\int_{\Gamma} T_i^{\mathrm{L}} \dot{u}_i \mathrm{d}\Gamma = \int_V \sigma_{ij}^0 \dot{\varepsilon}_{ij} \mathrm{d}V + \int_L (\sigma_n^0 \,|\, \Delta u \,|\, \tan\varphi + |\, \tau^0 \Delta u \,|) \mathrm{d}L \tag{2.11}$$

将式(2.10)与式(2.11)相减可得

$$\int_{\Gamma} (T_i^{\mathrm{J}} - T_i^{\mathrm{L}}) \dot{u}_i \mathrm{d}\Gamma = \int_V (\sigma_{ij} - \sigma_{ij}^0) \dot{\varepsilon}_{ij} \mathrm{d}V + \int_L (c - \sigma_{\mathrm{n}}^0 \tan\varphi - |\, \tau^0 \,|) \,|\, \Delta u \,|\, \mathrm{d}L \tag{2.12}$$

对于式(2.12)，由 Hill 最大塑性功率原理或 Drucker 公设，右端的第一项大于等于零，而对于静力容许应力场，不违反屈服条件，有 $|\tau^0| \leqslant -\sigma_{\mathrm{n}}^0 \tan\varphi + c$，故右端第二项大于等于零。于是，左端 $\int_{\Gamma} (T_i^{\mathrm{J}} - T_i^{\mathrm{L}}) \dot{u}_i \mathrm{d}\Gamma \geqslant 0$，由于假定外力 (T_i) 做正功，即 $\int_{\Gamma} T_i \dot{u}_i \mathrm{d}\Gamma \geqslant 0$，故

$$T_i^{\mathrm{J}} \geqslant T_i^{\mathrm{L}} \tag{2.13}$$

这就证明了下限定理。

根据静力场或下限定理求极限荷载的方法称为下限法。显然，下限荷载越大，越接近极限荷载，因此下限荷载越大越好。

2. 上限定理的证明

上限定理可以叙述为：在所有与机动容许速度场和应变率场相对应的荷载中，极限荷载最小，或者说按机动容许速度场与应变率场求得的极限荷载都大于(至多等于)真实的极限荷载。限于篇幅，关于上限定理的证明详见本章附录Ⅰ。

由机动容许速度场与应变率场求极限荷载的方法称为上限法。显然，上限荷载越小越好。利用上、下限定理还可以得出以下几个推论：

(1) 在结构任何部分提高材料的屈服极限，不会降低结构的极限承载力。

(2) 在结构任何部分降低材料的屈服极限，不会提高结构的极限承载力。

(3) 在结构自由边界增加物质(如果增加部分的重量可以忽略)，而不改变荷载的作用位置，则不会降低结构的极限承载力。

(4) 如果物体的几何形状不改变，那么初始应力和初始应变不影响结构的极限承载力(只要它引起的变形足够小)，并且它不影响材料的屈服条件。

推论(1)和推论(2)为寻找极限分析的上、下限提供了又一途径。对于复杂结构，用广义应力表示的屈服函数，其数学表达式往往是非线性的，这将使求解遇到数学上的困难。利用这两个推论可以将屈服条件线性化。在几何上就是将屈服曲面用外切组合面或内接组合面来代替，求相应简化屈服条件下的上、下限解，以相应于外切屈服面的上限解作为上限，即利用外切真实屈服面条件 $f(\sigma_{ij})=0$ 的近似屈服条件 $f^*(\sigma_{ij})=0$，得到的荷载是真实荷载的上限。而以内接屈服面的下限解作为下限，即采用内接于真实屈服条件 $f(\sigma_{ij})=0$ 的近似屈服条件 $f^0(\sigma_{ij})=0$，得到的荷载是真实荷载的下限。

推论(3)和推论(4)提供了关于结构承载力的一些概念。无论静力法还是机动法，都与极限状态之前的应力状态无关，也就是说，结构的极限承载力与加载过程及应力分布变化的历史无关。同时，如果能够考察所有的荷载组合，那么极限分析并不限于比例加载。这些结构性能的说明不是弹性理论所能给出的，因为它们是由材料的塑性性质所赋予的。

3. 达到极限状态的方式

目前，土工结构进入极限状态，土工结构超载系数(荷载系数)的表达方式，主要有以下三种：

(1) 土工结构保持正常工作应力状态不变，逐步降低材料强度(黏聚力和内摩擦角)，直至结构失去承载能力，并以材料的设计强度与降低到破坏时的强度之比来定义承载安全系数(也称为材料强度储备系数)，即 k_1 法。

(2)保持材料强度不变，增加土工材料的重度，直至结构破坏的方法，并以破坏时的重度与设计重度之比来定义超载系数，即 k_2 法。

(3)保持结构自重和材料强度不变，增加表面分布荷载，直至结构破坏，以破坏时的极限荷载与设计极限荷载之比来定义超载系数，即 k_3 法。

在数值实现方法中不难发现，目前在位移型有限元中强度折减法是基于 k_1 法实现的，k_2 法在边坡稳定性数值有限元法中得到应用，而地基极限承载力数值极限分析中主要采用 k_3 法。

2.2 极限分析的求解方法

2.2.1 极限分析的解析解法

在岩土结构物的极限分析研究中，解析解方法已有悠久的历史。前人已成功地使用这一方法求解边坡的临界高度、有限宽度地基上条形基础的承载力、半无限空间上条形基础的承载力、两层地基的承载力、二维与三维挡土墙的土压力等问题。从工程应用角度来看，解析解具有如下特点：物理意义明确，可避免复杂的有限元等数值计算，可为其他数值方法的正确与否提供判定依据。为此，本节以地锚板桩挡墙为例，简单阐述极限分析的解析解法的应用。

地锚板桩挡墙的稳定性分析是基坑工程稳定性分析的重点问题之一。尽管极限分析方法简单且理论性强，但目前运用并不多见。Chen(1975)详细讨论过垂直边坡的临界高度，本节以板桩挡墙为例，在部分假设条件的基础上，对其稳定性进行进一步的探讨。

1. 上限解

图 2.7(a)所示为一地锚板桩墙示意图，因为主要目标是分析挡土墙的临界高度，所以对挡土墙各构成做如下假设。

(1)排桩：理想刚塑性构件，满足相关联流动法则，仅考虑弯矩 M 的作用，剪切影响忽略不计。

(2)回填土：理想塑性材料，满足相关联流动法则，黏聚力为 c，重度为 γ，限定内摩擦角 $\varphi=0$。

(3)地锚(锚杆)：仅考虑张拉强度 T 的理想塑性材料。

(4)持力层：刚性材料，不考虑变形。

由于上限定理与破坏机构密不可分，为找到最小的极大解，选择有代表性的三种破坏模式来探讨，如图 2.7(b)～(d)所示。各功率的计算表达式见表 2.1。

最终结果选择无量纲参数来表达，具体形式见表 2.2，计算结果如图 2.8 所示。

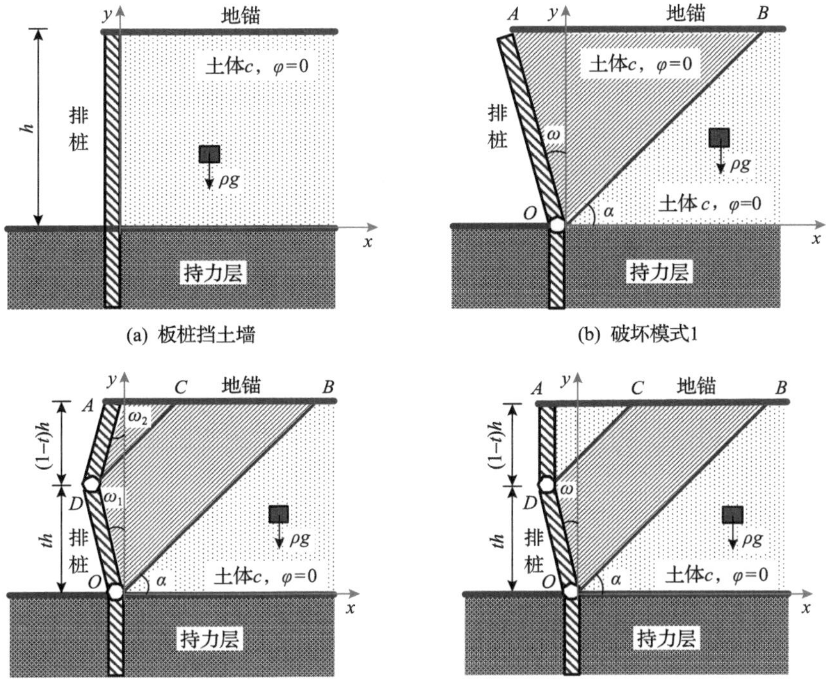

(a) 板桩挡土墙　　(b) 破坏模式1　　(c) 破坏模式2　　(d) 破坏模式3

图 2.7　板桩挡土墙及其破坏模式示意图

表 2.1　不同模式内外力功率表达式

项目	模式 1		模式 2		模式 3	
外力功率 $\dot{W}_e$	重力做功	$\frac{1}{6}\rho gh^3\omega$	$OBCD$ 区域	$\frac{1}{6}\rho g(-2t^3+3t^2)h^3\omega_1$	$OBCD$ 区域	$\frac{1}{6}\rho g(-2t^3+3t^2)h^3\omega$
			DCA 区域	$\frac{1}{3}\rho g(1-t)^3h^3\omega_2$	DCA 区域	$\frac{1}{2}\rho gt(1-t)^2h^3\omega$
内力功率 $\dot{W}_i$	OAB 塑性变形	$\frac{1-\tan^2\alpha}{2\tan\alpha}ch^2\omega$	$OBCD$ 区域	$\frac{1+\tan^2\alpha}{2\tan\alpha}(2t-t^2)ch^2\omega_1$	$OBCD$ 区域	$\frac{1+\tan^2\alpha}{2\tan\alpha}(2t-t^2)ch^2\omega_1$
			DCA 区域	$\frac{1+\tan^2\alpha}{2\tan\alpha}(1-t)^2ch^2\omega_2$		
	塑性铰 O	$M\omega$	塑性铰 O	$M\omega_1$	塑性铰 O	$M\omega$
			塑性铰 D	$M(\omega_1+\omega_2)$	塑性铰 D	$M\omega$
	地锚变形	$T\cdot h\omega$	地锚变形	0	地锚变形	$T\cdot th\omega$

表 2.2　各模式临界高度 h_{cr} 极值函数表达式

项目	表达式	备注
模式 1	$l^3-6l^2-6nl-6m=0$	$h_0=\dfrac{c}{\rho g}$；$l=\dfrac{h}{h_0}$ $m=\dfrac{M}{ch_0^{\ 2}}$；$n=\dfrac{T}{ch_0}$
模式 2	$l^3-\dfrac{6(3-2t)}{2-t}l^2-\dfrac{6}{t(1-t)}m=0,\quad t\in(0,1)$	
模式 3	$(t^2-3t+3)l^3-6(2-t)l^2-6nl-\dfrac{12m}{t}=0,\quad t\in(0,1)$	

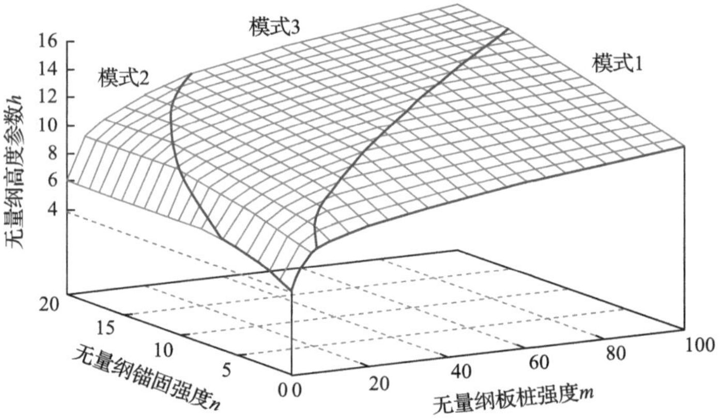

图 2.8　数值极限分析上限法结果示意图

2. 下限解

基于假设的下限应力场如图 2.9 所示，应力场必须满足应力平衡且处处不违背屈服条件。为使问题简化，假设应力主轴与竖向和水平向坐标轴一致，这

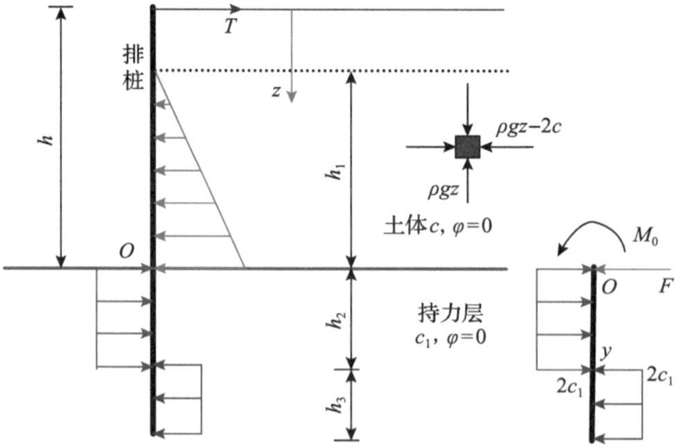

(a) 下限应力场

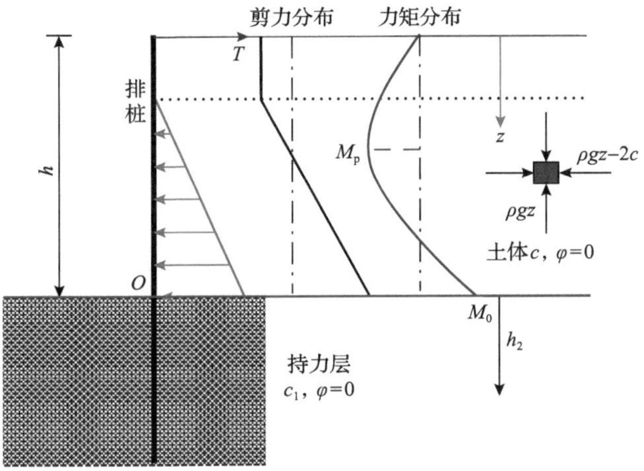

(b) 简化下限应力场

图 2.9　板桩挡土墙下限应力场及简化下限应力场

样有下列条件成立：

(1) 竖向应力分量主要是土体自重，其为竖向坐标 y 的线性函数。

(2) 水平法向应力分量在 x 轴向是一定的。

(3) 剪应力分量均为零。

(4) 持力层土体受力均满足 $\rho gz \leqslant 2c_1$。

考虑板桩的力与力矩平衡，有

$$\begin{cases} F - 2c_1h_2 + 2c_1h_3 = 0 \\ M_0 + c_1h_2^2 - 2c_1h_3\left(h_2 + \dfrac{1}{2}h_3\right) = 0 \end{cases} \tag{2.14}$$

式中，作用在板桩上的 F 和 M_0 分别为 $F = \dfrac{1}{2}\rho gh_1^2$，$M_0 = \dfrac{1}{6}\rho gh_1^3$。

板桩的弯矩形式为

$$M = M_0 + Fz - c_1z^2 + H(z-h_2)[2c_1(z-h_2)^2] \tag{2.15}$$

式中，$H(z-h_2)$ 为 Heaviside 分段函数，即

$$H(z-h_2) = \begin{cases} 1, & z \geqslant h_2 \\ 0, & z < h_2 \end{cases}$$

由于板桩所受最大弯矩 $M_p \leqslant M$，则有

$$\frac{1}{16}\cdot\frac{c}{c_1}\left(\frac{h_1\cdot\rho g}{c}\right)^4+\frac{1}{6}\left(\frac{h_1\cdot\rho g}{c}\right)^3-\frac{M(\rho g)^2}{c^3}=0 \tag{2.16}$$

为简便计算，令 $k=c_1/c$， $h_0=c/(\rho g)$， $m=M/(ch_0^2)$，式(2.16)变为

$$\frac{1}{16k}\left(\frac{h_1}{h_0}\right)^4+\frac{1}{6}\left(\frac{h_1}{h_0}\right)^3-m=0 \tag{2.17}$$

回填土部分临界高度 h、h_1、h_2、h_3 满足：

$$h=\frac{H}{h_0}=2+h_1$$

$$\frac{h_3}{h_0}=\sqrt{\frac{1}{12k}\left(\frac{h_1}{h_0}\right)^3+\frac{1}{32k^2}\left(\frac{h_1}{h_0}\right)^4} \tag{2.18}$$

$$\frac{h_2}{h_0}=\frac{1}{4k}\left(\frac{h_1}{h_0}\right)^2+\frac{h_3}{h_0} \tag{2.19}$$

又由于简化条件(4)，有

$$2+\frac{h_1+h_2+h_3}{h_0}\leqslant 2k \tag{2.20}$$

满足上述条件即可获得所求的下限解，但是，由于所求解表述并不十分直观，且求解过程烦琐，下面基于简化应力场做相关计算。如图 2.9(b)所示，回填土各应力条件为

$$\sigma_x=\begin{cases}\rho gz-2c, & h-h_1\leqslant z\leqslant h\\ 0, & 0<z<h-h_1\end{cases}, \quad \sigma_z=\rho gz$$

板桩弯矩 M 为

$$M(z)=-Tz+\frac{1}{6}\rho g(z-2h_0)^3\cdot H(z-2h_0) \tag{2.21}$$

式中，$H(z-2h_0)$为 Heaviside 分段函数，形式同式(2.15)(即以 $2h_0$ 替换其中的 h_2)。由于最大弯矩 M_p 不违背屈服条件，有

$$\frac{2\sqrt{2}}{3}n^{\frac{3}{2}}+2n\leqslant m \tag{2.22}$$

同理，M_0 也不违背板桩屈服条件，有

$$\frac{1}{6}\left(\frac{h}{h_0}\right)^3-\left(\frac{h}{h_0}\right)^2+(2-n)\frac{h}{h_0}-\frac{4}{3}\leqslant m \tag{2.23a}$$

即

$$\frac{1}{6}l^3-l^2+(2-n)l-\frac{4}{3}\leqslant m \tag{2.23b}$$

于是，满足式(2.22)和式(2.23)便可得到上述问题的下限解，计算结果如图 2.10 所示。

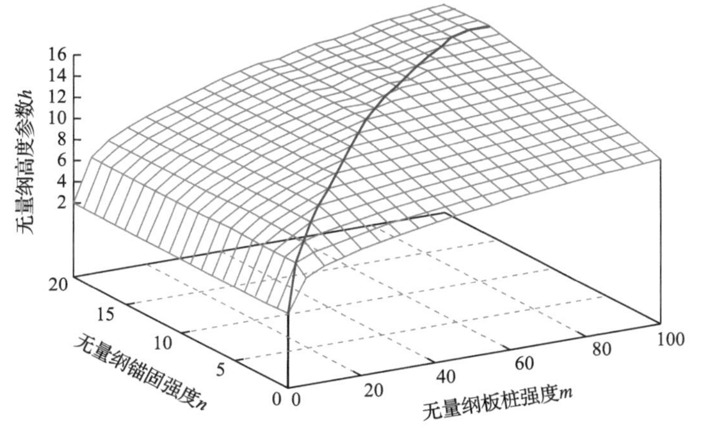

图 2.10　数值极限分析下限法结果示意图

根据数值极限分析上限法的基本原理，寻求上述结果的最小值；再与下限结果结合考虑真解，本书在此不做详述。

至此可以看出极限分析法的特点，数值极限分析上限法必须构造破坏模式；而数值极限分析下限法则必须构造应力场。为简化计算，两种方法都必须做不少的假设，否则计算无法开展。

对于一般的弹塑性材料，其计算都经过弹性阶段、约束塑流和自由塑流三个阶段，要得到完整的解，其过程都相当复杂。但无论结构的几何尺寸和荷载情况多么复杂，极限分析方法总可以得到可用的破坏荷载值，因此其优越性是不言而喻的。

2.2.2　极限分析的变分法

变分原理的主要思想是建立一个以应力场 σ_{ij} 、速度场 $\dot{u}_i$ 为变量的泛函

$\Pi(\sigma_{ij},\dot{u}_i)$，使平衡方程、速度与应变率关系、屈服条件、流动法则及边界条件成为其驻值条件。

对于极限分析问题，采用破坏机构或应力场条件的假设，往往只对简单问题有效，如果问题变得复杂，就只能借助其他方法。因此，极限理论与数值方法的结合就产生了极限有限元法。本节结合有限元法基本知识，讨论极限有限元法的泛函理论基础，为简单起见，仅以数值极限分析上限法为例。

对于一般情况下的上限分析问题，如图 2.11 所示，考虑式(2.24)所示的泛函：

$$\Pi(\sigma_{ij},\dot{u}_i,\dot{\lambda})=\int_V \sigma_{ij}\dot{\varepsilon}_{ij}^{\mathrm{p}}\mathrm{d}V-\int_V \rho b_i\dot{u}_i\mathrm{d}V-\int_V \dot{\lambda}f(\sigma_{ij})\mathrm{d}V \\ -\int_{\Gamma_u}\sigma_{ij}n_j(\dot{u}_i-\dot{\tilde{u}}_i)\mathrm{d}\Gamma-\int_{\Gamma_\sigma}\tilde{t}_i\dot{u}_i\mathrm{d}\Gamma \tag{2.24}$$

式中，$f(\sigma_{ij})$为屈服条件；速度边界条件为$\dot{u}_i=\dot{\tilde{u}}_i$；应力边界条件为$t_i=\tilde{t}_i$；$\dot{\lambda}$为塑性乘子；应变率$\dot{\varepsilon}_{ij}^{\mathrm{p}}$和速度$\dot{u}_i$满足相容条件：

$$\dot{\varepsilon}_{ij}^{\mathrm{p}}=\frac{1}{2}(\dot{u}_{i,j}+\dot{u}_{j,i}) \tag{2.25}$$

考虑一次变分

$$\delta\Pi=\int_V\left[\left(\dot{\varepsilon}_{ij}^{\mathrm{p}}-\dot{\lambda}\frac{\partial f}{\partial\sigma_{ij}}\right)\delta\sigma_{ij}-(\sigma_{ij,j}+\rho b_i)\delta\dot{u}_i-f(\sigma_{ij})\delta\dot{\lambda}\right]\mathrm{d}V \\ +\int_{\Gamma_u}(\dot{u}_i-\dot{\tilde{u}}_i)\delta\sigma_{ij}n_j\mathrm{d}\Gamma+\int_{\Gamma_\sigma}(t_i-\tilde{t}_i)\delta\dot{u}_i\mathrm{d}\Gamma \tag{2.26}$$

利用 Gauss 散度定理和应力的对称性，考虑$\delta\Pi=0$，则应力平衡、相关联流动法则、应力屈服条件均可得出，即有

在研究域V范围内，

$$\sigma_{ij,j}+\rho b_i=0,\quad f(\sigma_{ij})=0,\quad \dot{\varepsilon}_{ij}^{\mathrm{p}}=\dot{\lambda}\frac{\partial f}{\partial\sigma_{ij}} \tag{2.27a}$$

$$\text{在}\Gamma_u\text{上，}\quad \dot{u}_i=\tilde{u}_i \tag{2.27b}$$

$$\text{在}\Gamma_\sigma\text{下，}\quad t_i=\tilde{t}_i \tag{2.27c}$$

考虑该驻值点的二次变分，再由相关联流动法则的变分和 Gauss 散度定理

关系得到

$$\delta\dot{\varepsilon}_{ij}^{\mathrm{p}}=\delta\dot{\lambda}\frac{\partial f}{\partial\sigma_{ij}}+\dot{\lambda}\frac{\partial^2 f}{\partial\sigma_{ij}\partial\sigma_{kl}}\delta\sigma_{kl} \tag{2.28}$$

$$\begin{aligned}\delta^2\varPi&=\int_V\left(2\delta\dot{\varepsilon}_{ij}^{\mathrm{p}}\delta\sigma_{ij}-2\delta\dot{\lambda}\frac{\partial f}{\partial\sigma_{ij}\partial\sigma_{kl}}\delta\sigma_{ij}\delta\sigma_{kl}\right)\mathrm{d}V\\&\quad-\int_V\delta\sigma_{ij}n_j\delta\dot{u}_i\mathrm{d}\varGamma+\int_{\varGamma_u}\delta\sigma_{ij}n_j\delta\dot{u}_i\mathrm{d}\varGamma+\int_{\varGamma_\sigma}\delta t_i\delta\dot{u}_i\mathrm{d}\varGamma\\&=\int_V\dot{\lambda}\frac{\partial^2 f}{\partial\sigma_{ij}\partial\sigma_{kl}}\delta\sigma_{ij}\delta\sigma_{kl}\mathrm{d}V\end{aligned} \tag{2.29}$$

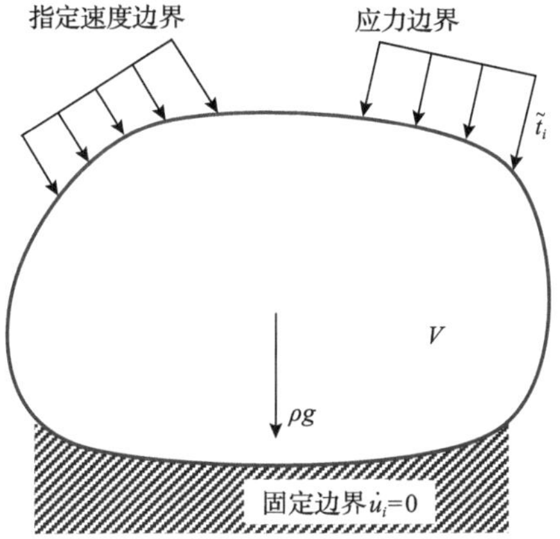

图 2.11　弹塑性边界值问题示意图

由于塑性乘子 $\dot{\lambda}$ 非负，且屈服函数为凸函数，即有 $\delta^2\varPi\geqslant 0$，说明泛函 $\varPi$ 存在极小值。这样，理想弹塑性材料的边界值问题与函数 $\varPi$ 的优化问题等效；一般屈服条件是非线性的，因此极限分析的上限求解即非线性凸函数的优化问题。

极限分析下限定理与有限元法相结合，最终构造成具有线性目标函数和受锥形屈服准则约束的规划问题（Makrodimopoulos and Martin，2006），能克服传统方法的不足，获得比较满意的结果。

2.2.3　极限分析的数值方法

一些学者在 20 世纪 50 年代末就已认识到框架结构的极限分析问题实际上是一个线性规划问题。到了 60 年代中期，随着有限元的发展，人们开始根据数学规划形式，直接构造计算极限荷载算子的算法格式。

Hayes 和 Marçal(1967)根据上限规划式，研究了平面应力问题上限分析的规划有限元方法，其目标函数是变量的非光滑函数，这一特点成为上限分析的主要困难。由于当时的数学规划理论算法难以适应这一问题，Hayes 和 Marçal 仅能采用初级的坐标循环搜索法进行求解。

Belytschko 和 Hodge(1970)等根据下限形式，研究了平面应力问题的下限有限元格式。采用应力平衡单元使平衡条件自行满足，各单元集成后的总体平衡条件作为约束条件而导出非线性规划格式。序列无约束极小化(sequential unconstrained minimization technique, SUMT)方法在下限分析中得到首次应用。

采用数学规划法分析求解极限承载力问题时，能克服逐步加载法计算所遇到的困难，并且利用数学规划理论中已有的成熟算法，计算简洁明了。20 世纪 70 年代以来,数学规划法在结构的塑性极限分析以及优化设计等方面有了长足发展，其中，Maier 等(1977)、Cohn 和 Maier(1977)、Maier 和 Munro(1982)、Munro(1982)、Sloan(1989，1988b)等对这方面的工作做出了重要贡献。

为了克服在使用下限格式时屈服条件产生的非线性所导致的困难，Zavelani- Rossi(1972，1974)提出对屈服面进行逐次分段线性逼近的方法，从而将下限问题的求解简化为若干次线性规划计算的问题。沈卫平(1985)提出了进一步的改进方法，认为在对屈服面进行逐次分段线性逼近时，仅需在应力空间应力点的附近对屈服面进行分段线性逼近。这些方法使下限分析的计算效率得到不同程度的提高。对于薄壁结构的极限分析，Cyras(1983)提出积分屈服条件的简化方法。由于在薄壁结构的分析中，屈服条件往往是由中面上定义的内力素(薄膜力、弯矩等)表示的，这样的屈服条件反映的是沿壁厚方向平均的结果。若在每个单元上将屈服条件在中面内进行积分平均，则当满足一定条件时，所引入的误差将与沿壁厚方向积分引入的误差具有相同量级。屈服条件经积分后成为节点变量的函数。这种方法对板壳问题的下限分析进行了有效的简化。

在 20 世纪七八十年代，与下限分析相比较，上限分析的相关文章较少，主要原因在于上限格式目标函数非线性较强且具有不可微性。上限格式的线性化较为困难，因此在计算格式的选择和解的收敛性研究等方面都存在一些困难。近年来，随着数学规划方法在半正定矩阵理论方面的突破，数值极限分析上限法的非线性规划有了很大的提高，反而数值极限分析下限法的研究处于劣势。

非常遗憾的是，Christansen 早在 1980 年就证明了上限定理和下限定理在连续和离散情况下均具有对偶性，至今这一理论都没能在计算方法中完全体现。也就是说，要在同一计算模型中同时获得上限和下限的结果，而不是通过不同的模型分别计算。Casciaro 和 Cascini（1982）成功实现了极限分析的混合求解，这为极限分析对偶性理论在数值方法中的实现奠定了基础。第 3 章将详细讨论极限分析理论对偶性理论的内涵。

2.3 小　　结

本章详细阐述了极限分析定理的基本概念及相关原理，主要都是传统的塑性理论。近年来，极限分析上限定理的理论基础有了很大的突破，如可以不满足相关联流动法则，但是从上限和下限整体理论角度出发，没有太大的意义，反而有孤立地看待极限分析的上、下限定理之虞。为与本书的研究内容相一致，本章没有详细探讨这些理论，而是重点介绍了极限分析的求解方法，并在传统解析理论的基础上，以地锚板桩挡墙为例，详细探讨了其稳定性的相关特性。

附录 I　上限定理的证明

设极限荷载 T^{J} 对应真实应力场为 σ_{ij}（不考虑体力）；另有一任意的机动容许速度场 $\dot{u}_i^*$ 及应变率场 $\dot{\varepsilon}_{ij}^*$，对应的机动应力及外荷载为 σ_{ij}^* 和 T^{U}，应力场和速度场都可以有不连续面。如果将机动的 $\dot{u}_i^*$ 和 $\dot{\varepsilon}_{ij}^*$ 视为虚位移速度和虚应变率场，当分别对机动容许速度场和真实应力场应用有间断面的虚功率原理时，有以下结论。

（1）对机动容许状态时的荷载 T^{U} 及相应的应力场 σ_{ij}^* 与真实的 $\dot{u}_i^*$ 和 $\dot{\varepsilon}_{ij}^*$ 使用虚功率原理，有（以拉应力为正）

$$\int_{\Gamma} T_i^{\mathrm{U}} \dot{u}_i^* \mathrm{d}\Gamma = \int_V \sigma_{ij}^* \dot{\varepsilon}_{ij}^* \mathrm{d}V + \int_L (\sigma_{\mathrm{n}}^* \,|\, \Delta u \,|\, \tan\varphi + |\, \tau^* \Delta u \,|) \mathrm{d}L \tag{I.1}$$

真实的 σ_{ij}^* 和 $\dot{\varepsilon}_{ij}^*$ 满足塑性速率本构关系，处于极限状态时，速度不连续面上的应力满足 Mohr-Coulomb 屈服准则：$|\tau^*| = -\sigma_{\mathrm{n}}^* \tan\varphi + c$，代入式（I.1）可得

$$\int_{\Gamma} T_i^{\mathrm{U}} \dot{u}_i^* \mathrm{d}\Gamma = \int_V \sigma_{ij} \dot{\varepsilon}_{ij}^* \mathrm{d}V + \int_L c \,|\, \Delta u \,|\, \mathrm{d}L \tag{I.2}$$

（2）对真实极限状态时的荷载 T^{J} 及应力场 σ_{ij} 与机动的 $\dot{u}_i^*$ 和 $\dot{\varepsilon}_{ij}^*$ 使用虚功率

原理，可得

$$\int_{\Gamma} T_i^{\mathrm{J}} \dot{u}_i^* \mathrm{d}\Gamma = \int_{V} \sigma_{ij} \dot{\varepsilon}_{ij}^* \mathrm{d}V + \int_{L} (\sigma_{\mathrm{n}} \mid \Delta u \mid \tan\varphi + \mid \tau \Delta u \mid) \mathrm{d}L \tag{I.3}$$

将式(I.2)与式(I.3)相减可得

$$\int_{\Gamma} (T_i^{\mathrm{U}} - T_i^{\mathrm{J}}) \dot{u}_i^* \mathrm{d}\Gamma = \int_{V} (\sigma_{ij}^* - \sigma_{ij}) \dot{\varepsilon}_{ij}^* \mathrm{d}V + \int_{L} (c - \sigma_{\mathrm{n}} \tan\varphi - \mid \tau \mid) \mid \Delta u \mid \mathrm{d}L \tag{I.4}$$

对于式(I.4)右端，由 Hill 最大塑性功率原理或 Drucker 公设，右端的第一项大于等于零，而对于机动速度场不连续面上的应力不一定达到屈服应力，有 $|\tau| \leqslant c - \sigma_{\mathrm{n}} \tan\varphi$，故右端第二项大于等于零。

于是，左端 $\int_{\Gamma} (T_i^{\mathrm{U}} - T_i^{\mathrm{L}}) \dot{u}_i^* \mathrm{d}\Gamma \geqslant 0$，由于假定外力做正功，即 $\int_{\Gamma} T_i \dot{u}_i^* \mathrm{d}\Gamma \geqslant 0$，故

$$T_i^{\mathrm{U}} \geqslant T_i^{\mathrm{J}} \tag{I.5}$$

这就证明了上限定理。

第3章　非连续面拓扑优化上限分析方法

3.1　结构拓扑优化

按参数类型，结构优化设计可分为尺寸优化、形状优化和拓扑优化三个层次。结构尺寸优化以杆件的横截面积、梁的截面惯性矩或连续体的厚度分布为优化变量；结构形状优化以杆件结构的节点坐标或连续体的形状包络为优化变量；结构拓扑优化所考虑的设计变量则包括杆件结构节点数量、节点的连接关系或连续体的孔洞分布情况等。其中，结构尺寸优化最为简单，因为结构性能与尺寸变量一般呈线性关系或简单非线性关系，且在优化过程中不涉及有限元网格重构。对于实际工程中的杆系结构，尺寸变量应从杆件截面集中选取，为离散型变量。相较而言，结构形状优化更为复杂，因为结构性能或响应与形状变量之间呈非线性关系。在实际工程问题中，形状变量一般设定为连续型变量。随着结构优化方法的日益成熟，结构尺寸和形状的同步优化设计已得到显著发展。结构拓扑优化被认为在优化效益上最具潜力。然而，囿于在工程结构中引入独立拓扑变量的困难性，结构拓扑优化问题一般采用基结构法通过广义尺寸优化来实现。

按结构类型，结构优化设计主要可分为杆系结构优化和连续体结构优化。其中，杆系结构优化因其结构简洁、工程应用领域广泛、力学分析方法完善而得到了率先发展。杆系结构是由梁、杆等受力单元相互连接而成的几何不变体系。杆系结构中，杆件与杆件的连接点称为节点。节点受力情况可简化为铰节点和刚节点。按节点形式，杆系结构可分为由直杆和铰节点组成的桁架、由杆和刚节点组成的刚架，以及两种节点并存的混合型构架。

近代结构优化概念的诞生源于 Michell 准则的提出。该准则实质上是第一个可以对未知杆系结构建模的数学方法。Michell 指出，给定一组平面力系，设计一个结构质量最小的铰接平面桁架。在最优桁架中，所有杆件单元应该达到满应力状态。而且最优桁架的杆件单元应布置在一个满足运动协调的虚应变场的主应变线上。若一个节点的两个主应变方向相同，则任何一个方向都具有相同的应变量，从该节点出发可以沿任意方向布置杆件。如果一个节点的两个主应变方向相反，则该节点的相连杆必须布置在相互垂直的方向上。

杆系结构优化问题的求解方法主要包括数学规划法、优化准则法和演化算法。数学规划法的理论基础严谨，对约束和目标函数的形式没有特别的要求，具有广泛的适应性。优化准则法包括基于直观力学概念的准则法（如满应力准则法、应变能密度准则法等）和基于数学规划理论中的库恩-塔克条件的优化准则法等。这类方法的迭代次数与设计变量维度基本无关，尤其适合求解大规模结构优化问题。

现代结构优化设计的迅速发展始于基结构法（ground structure approach，GSA）的提出。建立一个由边界节点、荷载节点和结构节点组成的节点集合（涵盖杆系结构节点），任意两个节点之间用杆、梁等离散体单元相连，即为基结构。基结构的基本思想是，按照某种优化策略和准则从这个基结构中将某些不必要的单元删除，用保留下来的单元组成结构的最优拓扑形式。基结构法既可以处理杆系结构优化问题，也可以用于求解连续体结构优化问题。在基于 GSA 的杆系结构优化中，通过删除初始结构（基结构）的冗余杆件，可实现结构拓扑优化设计（图3.1）。鉴于基结构法的核心策略是删除冗余杆件，其本质是一个拓扑由繁到简的过程。GSA 使具备工程意义的杆件结构拓扑优化变得可行，因此自提出以来便得到研究人员的广泛重视。

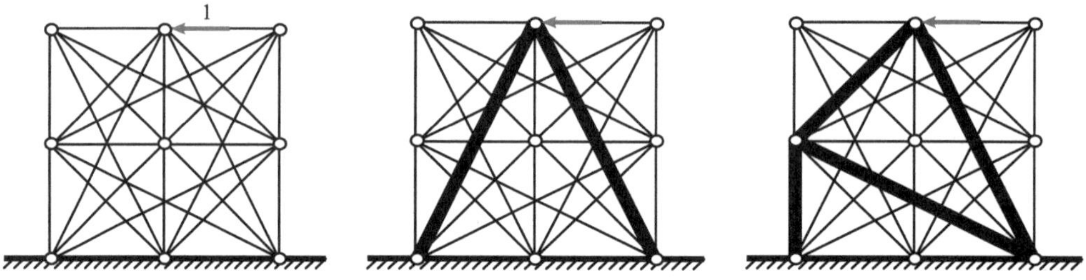

(a) 几何及模型示意图　(b) 拓扑优化解答1(体积16.5/6)　(c) 拓扑优化解答2(体积16/6)

图 3.1　桁架结构优化示意图

基于 GSA 的杆系结构优化设计，其问题的维度会随着基结构节点数的增加而急剧增加。为穷尽结构拓扑的组合形式而不加以限制地扩大基结构的规模，从实际工程计算的角度来看是不合理的，也是不必要的。Rajan（1995）指出，基结构并非必须将所有节点两两相连，确立合理的初始结构复杂度对提升优化质量和整体优化效率而言至关重要。

在进行拓扑优化之前首先应该建立力学模型，然后将其转化为数学模型进行求解。力学模型主要分为两大类：杆系结构和连续体结构。基结构方法是用于研究杆系结构拓扑优化的一种基本方法。由于尺寸和形状优化具有扎实的理论基础和完善的计算方法，人们先是尝试把这些方法直接应用到拓扑优化。例如，对于一个给定初始结构的杆系结构，先进行截面尺寸优化，通过删除截面过小或为零的杆件来实现拓扑优化。为研究未给定初始结构的拓扑，人们在设计空间内规则地布置足够多的节点，再将每一个节点与所有其他节点用杆件连接起来形成基结构，然后进行截面尺寸优化。而在尺寸优化过程中，删除截面过小的单元，实现拓扑优化。

拓扑优化的基本思想是将寻求结构的最优拓扑问题转化为在给定的设计区域内寻求最优材料的分布问题。寻求一个最佳的拓扑结构形式有两个基本的原理：一个是退化原理；另一个是进化原理。

退化原理的基本思想是在优化前将结构所有可能的杆单元或所有材料都加上，然后构造适当的优化模型，通过一定的优化方法逐步删减冗余的结构元素，直至最终得到一个最优化的拓扑结构形式；进化原理的基本思想是把适者生存的生物进化论思想引入结构拓扑优化，其通过模拟适者生存、物竞天择、优胜劣汰等自然机理来获得最优的拓扑结构。

退化算法即传统的拓扑优化方法，一般通过求目标函数导数的零点或一系列迭代计算过程求最优的拓扑结构。常用的拓扑优化退化法为基结构法。按优化算法的理论基础划分，主要有以下三种类型：准则法、数学规划法和遗传算法。

数学规划方法以规划理论为基础，可采用线性和非线性规划得到极限解，理论严谨，适用面广，且收敛有保证，但同时存在计算量大、收敛慢的缺点，特别是对于多变量的优化问题。20 世纪 70 年代中期以后，结构优化设计中的规划法吸收了准则法的优点，根据力学特性进行了某些改进，如采用对偶求解技术、显式逼近、选择有效约束等，使计算效率得到显著提高。求解结构形状优化问题时，更多使用的优化算法是数学规划法。

在桁架结构拓扑优化问题中存在无穷多潜在的拓扑，在设计域内任意位置都可能存在节点，任意位置的任意方向也都可能存在杆件，因此不可能用有限个参数描述无限多的拓扑。为此，人们一般都依据在设计域内布置有限个节点，然后在所有的节点间用杆件相连，获得一个所谓的基结构。在此基结构下，建立优化模型，确定杆件的删除与增加策略，运用优化方法寻优，最后确定结构的最优形式。

迄今为止，尚无系统明确的桁架基结构建立方法。目前，主要按以下原则建立：

(1)参考工程设计人员的经验，给出适当的节点数和布局，并按载荷传递方式初步分析构件的连接方式，以此为基础，建立基结构。

(2)建立杆件的删除与增加策略，即在优化过程中允许从基结构中删除或增加杆件，这就要求能够方便地改变结构分析模型。

3.2　非连续面拓扑优化数值分析法

3.2.1　结构优化与数值极限方法的类比

结构优化的典型算例 Michell 桁架的优化与金属塑性问题的平面滑移非连续线布局互为镜像。两者在几何上均为 Hencky-Prandtl 网络——正交曲线坐标系统形式。图 3.2 所示为承载固定支座间空间固定均布荷载结构杆件布局优化和黏土地基上转动基础的临界破坏模式的可视化对比图。图 3.2(a) 中线条代表桁架杆件，而图 3.2(b) 中则代表滑移线。

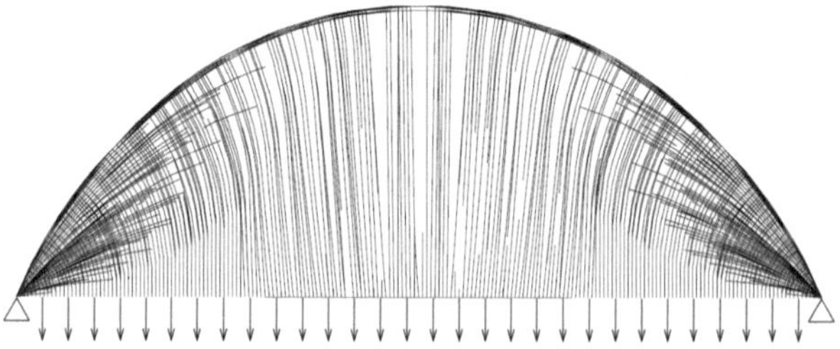

(a) 采用201×101节点桁架优化

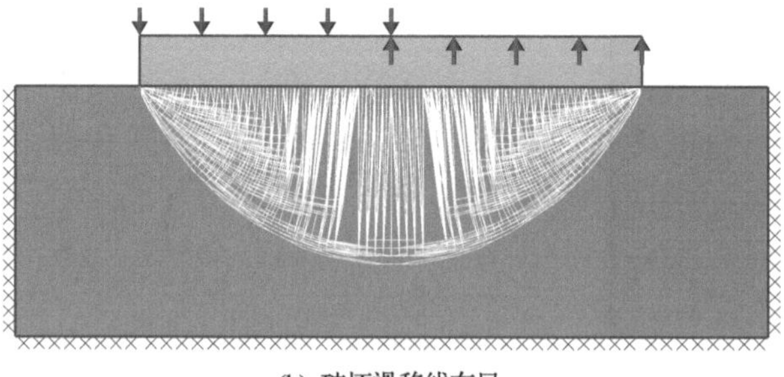

(b) 破坏滑移线布局

图 3.2　桁架优化布局与土工结构的破坏滑移线分布比较

值得指出的是，数值解法包含密集的节点间连线，这些连线代表桁架杆件或滑移线。为了清晰地显示计算结果，一些接近零的受力杆件或滑移位移必须过滤掉。这种做法偶尔会导致出现连线漏掉的反常结果。但是，这也说明节点连线已经被滤掉。同样的布局优化技术既适用于桁架拓扑优化问题，也适用于极限分析方法。相应方法类型所对应的类比项目及内容详见表 3.1。

表 3.1　极限分析与桁架拓扑优化问题的类比

项目	极限分析	桁架拓扑优化
目标函数	最小功，对应最大破坏系数	最小重量或成本，对应最大虚功
变量	非连续位移	桁架杆件平衡内力
约束	协调方程	平衡方程
结果	破坏模式 （速度矢量图）	桁架构件的优化布局 （Maxwell 力矢量图）

3.2.2　数学形式

Smith 和 Gilbert（2007）定义拟静受荷作用的理想塑性黏性体平面应变优化布局形式采用 n 节点和 m 节点连线（滑移非连续线）离散，有

$$\min E = \boldsymbol{g}^{\mathrm{T}}\boldsymbol{d}$$

$$\text{subject to}\begin{cases}\boldsymbol{Bd}=\boldsymbol{u}\\ \boldsymbol{d}\geqslant 0\end{cases} \tag{3.1}$$

式中，E 为滑移面剪切作用总内耗功率；$\boldsymbol{d}^{\mathrm{T}}=\{s_1^+,s_1^-,s_2^+,s_2^-,\cdots,s_m^+,s_m^-\}$，$s_i^+$、$s_i^-$ 为块体间非连续面 $i(i=1,2,\cdots,m)$ 相对剪切位移（均为线性规划变量）；$\boldsymbol{g}^{\mathrm{T}}=\{c_1l_1,c_1l_1,c_2l_2,c_2l_2,\cdots,c_ml_m,c_ml_m\}$，$l_i$ 和 c_i 分别为非连续面 i 的长度和相应的黏聚力；$\boldsymbol{B}$ 为 $(2n\times2m)$ 相容矩阵（括弧中为矩阵行列数，下同）；$\boldsymbol{u}^{\mathrm{T}}=\{u_1^x,u_1^y,u_2^x,u_2^y,\cdots,u_n^x,u_n^y\}$，$u_j^x$ 和 u_j^y 分别为节点 $j(j=1,2,\cdots,n)$ 在 x 方向和 y 方向上的位移分量。

承载桁架结构最小体积的典型原线性规划问题可表述为

$$\min V = \boldsymbol{q}^{\mathrm{T}}\boldsymbol{c}$$

$$\text{subject to}\begin{cases}\boldsymbol{Bq}=\boldsymbol{f}\\ \boldsymbol{q}\geqslant 0\end{cases} \tag{3.2}$$

式中，V 为桁架构件总体积；$\boldsymbol{c}^{\mathrm{T}}=\{l_1/\sigma_1^+,-l_1/\sigma_1^-,l_2/\sigma_2^+,-l_2/\sigma_2^-,\cdots,-l_m/\sigma_m^+,-l_m/\sigma_m^-\}$；$\boldsymbol{B}$ 为 $(2n\times2m)$ 平衡矩阵；$\boldsymbol{q}^{\mathrm{T}}=\{q_1^+,-q_1^-,q_2^+,-q_2^-,\cdots,-q_m^+,-q_m^-\}$；$\boldsymbol{f}^{\mathrm{T}}=\{f_1^x,f_1^y,f_2^x,f_2^y,\cdots,f_n^x,f_n^y\}$；$l_i$、$q_i^+$、$q_i^-$、$\sigma_i^+$、$\sigma_i^-$ 分别代表构件 i 的长度及受拉、受压构件的作用力和应力；f_j^x、f_j^y 分别为节点 j 上 x 方向和 y 方向的作用

荷载。采用 Dorn 等(1964)的构造形式，线性规划问题变量 $\boldsymbol{q}$ 为构件的拉力和压力 q_i^+ 、q_i^- ，确定所有节点满足平衡约束条件，并通过线性规划法求解结构的最小体积。

采用对偶定理来推导桁架结构对偶问题的形式，对偶问题的结果形式是作用荷载虚功的最大化，受构件虚应变的限值约束，即

$$\max W = \boldsymbol{f}^{\mathrm{T}}\boldsymbol{u}$$

$$\text{subject to} \quad \boldsymbol{B}^{\mathrm{T}}\boldsymbol{u} \leqslant \boldsymbol{c} \tag{3.3}$$

式中，$\boldsymbol{u}^{\mathrm{T}} = \{u_1^x, u_1^y, u_2^x, u_2^y, \cdots, u_n^x, u_n^y\}$ ，u_j^x 和 u_j^y 分别为节点虚位移 x 方向和 y 方向的分量；节点位移变量 u_j 为优化变量。

比较式(3.1)和式(3.2)，相关的数学构造形式表明这两类问题之间密切相关且形式极其相似，详见表 3.1。在 DLO 法中，问题的优化是界定非连续面(不是桁架杆件)的临界分布和相对应的上限荷载系数(不是结构体积)。可通过最小化总的内部能量耗散，受相容方程约束(与受平衡条件约束的桁架结构体积最小化相似)。值得指出的是，为简洁起见，能量耗散和位移分别为能量耗散率和应变率(或速度)的简称。

3.2.3 非连续面拓扑优化

DLO 法的数学构造形式可表述为

$$\min \lambda \boldsymbol{f}_{\mathrm{L}}^{\mathrm{T}}\boldsymbol{d} = -\boldsymbol{f}_{\mathrm{D}}^{\mathrm{T}}\boldsymbol{d} + \boldsymbol{g}^{\mathrm{T}}\boldsymbol{p}$$

$$\text{subject to} \begin{cases} \boldsymbol{B}\boldsymbol{d} = 0 \\ \boldsymbol{N}\boldsymbol{p} - \boldsymbol{d} = 0 \\ \boldsymbol{f}_{\mathrm{L}}^{\mathrm{T}}\boldsymbol{d} = 1 \\ \boldsymbol{p} \geqslant 0 \end{cases} \tag{3.4}$$

式中，λ 为破坏荷载的未知变量；$\boldsymbol{f}_{\mathrm{D}}$ 和 $\boldsymbol{f}_{\mathrm{L}}$ 分别为非连续面的恒载矩阵和活载矩阵；$\boldsymbol{d}$ 为非连续面的位移矩阵；$\boldsymbol{d}^{\mathrm{T}} = \{s_1, n_1, s_2, n_2, \cdots, s_m, n_m\}$ ，s_i 和 n_i 分别为块体间非连续面 i 的相对剪切位移和法向位移；$\boldsymbol{p}$ 为塑性算子(或系数)矩阵；$\boldsymbol{g}$ 为相应的耗散系数；$\boldsymbol{B}$ 为含有方向余弦的相容矩阵；$\boldsymbol{N}$ 为流动矩阵。

DLO 法的实质内核是加强节点的协调条件，非连续面位移 $\boldsymbol{d}$ 和塑性算子 $\boldsymbol{p}$ 为优化问题变量。当采用 Mohr-Coulomb 屈服准则时，可通过线性规划法或二阶锥规划法进行求解。获得的优化解表述为塑性真解的上限，其计算的准确度

由离散节点的数量控制。

在 DLO 法构造中，其数学构造形式完全基于非连续面的相对位移，每个非连续面设置变量来定义相对滑动位移。当采用相对位移后，协调条件可直接通过节点的线性约束方程进行校验。最终的优化函数定义为含有运动变量的所有非连续面(滑移面)的总的能量耗散。位移变量为线性优化问题的变量。所获得的最优解可确定由优化的非连续面构成的相容破坏机构和最小能量耗散。DLO 法从大规模的非连续面中优化确定速度非连续面的临界布局和最小的上限值。从对偶定理来看，DLO 法存在机动和平衡两种等效表述模式。

3.2.4　原问题：机动构造

如图 3.3 所示，问题研究域采用 n 个节点和 m 个节点间连线(非连续线)进行构造，每个非连续线均是潜在的破坏滑移面。非连续面通过节点间连线产生。每个非连续面赋予材料特性和参数，并定义边界条件，非连续面组成破坏模式，最终确定内部能量的极值。上限形式的数学线性规划可表述为

$$\min \lambda \boldsymbol{f}_{\mathrm{L}}^{\mathrm{T}}\boldsymbol{d} = \boldsymbol{g}^{\mathrm{T}}\boldsymbol{p} \tag{3.5}$$

$$\text{subject to} \begin{cases} \boldsymbol{Bd} = 0 \\ \boldsymbol{f}_{\mathrm{L}}^{\mathrm{T}}\boldsymbol{d} = 1 \\ \boldsymbol{Np} - \boldsymbol{d} = 0 \\ \boldsymbol{p} \geqslant 0 \end{cases} \tag{3.6}$$

式中，$\boldsymbol{f}_{\mathrm{L}}(2m\times1)$为活载的切向和法向分量；$\lambda$ 为破坏荷载系数；$\boldsymbol{g}(2m\times1)$为非连续面的长度 l(单位：m)和黏性剪切强度 c'(单位：kN/m^2)的乘积；$\boldsymbol{B}$ 为$(2n\times2m)$相容矩阵；$\boldsymbol{N}$ 为$(2m\times2m)$塑性流动矩阵。在式(3.6)中，$\boldsymbol{d}$ 和 $\boldsymbol{p}$ 为线性规划问题的未知量，且 $\boldsymbol{d}$ 为非连续面位移矢量，$\boldsymbol{p}$ 为$(2m\times1)$塑性算子矩阵。

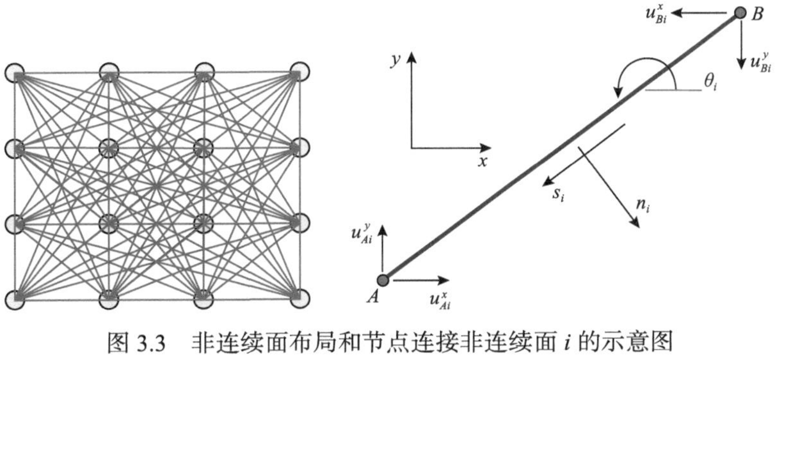

图 3.3　非连续面布局和节点连接非连续面 i 的示意图

1. 相容性

机动形式从大量潜在的模式中确定临界模式。这些模式可以通过刚性块体间的非连续面来构造。如图 3.3 所示，每个非连续面分别存在法向和切向的跳跃位移 n_i 和 s_i。相容性通过离散节点的约束来实现。如图 3.4 所示，在任意一个节点处，方程

$$\begin{cases}\sum_{i=1}^{5}\alpha_i s_i-\beta_i n_i=0\\ \sum_{i=1}^{5}\beta_i s_i+\alpha_i n_i=0\end{cases} \tag{3.7}$$

必须成立才可满足相容性要求。其中，$\alpha_i=\cos\theta_i$ 和 $\beta_i=\sin\theta_i$，θ_i 为非连续面 i 和 x 轴逆时针夹角。在每个节点重复进行式(3.7)的总和来确保相容性。在 DLO 法中，潜在非连续面的交叉或相交形成的节点(非原离散点)，其相容性是隐式而非显式满足的。

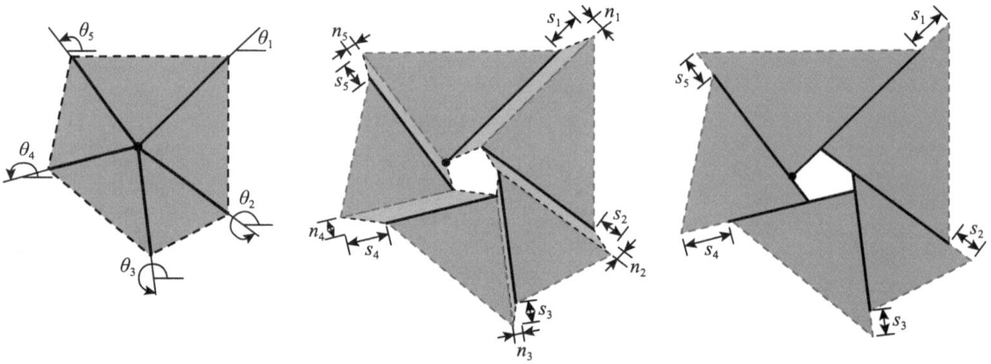

(a) 离散节点　(b) 滑移模式中节点的相容性(平动和剪胀)　(c) 滑移模式中节点的相容性(仅考虑平动)

图 3.4　节点的相容性条件示意图

局部相容矩阵 $\boldsymbol{B}$ 由 $\alpha_i=\cos\theta_i$ 和 $\beta_i=\sin\theta_i$ 推导，分别与切向位移变量 s_i 和法向位移变量 n_i 有关；节点位移矢量为 $\boldsymbol{u}_{Ai}$ 和 $\boldsymbol{u}_{Bi}$，每个矢量有两个自由度，即

$$\boldsymbol{B}_i\boldsymbol{d}_i=\boldsymbol{u}_i \tag{3.8a}$$

$$\begin{bmatrix} \alpha_i & -\beta_i \\ \beta_i & \alpha_i \\ -\alpha_i & \beta_i \\ -\beta_i & -\alpha_i \end{bmatrix} \begin{Bmatrix} s_i \\ n_i \end{Bmatrix} = \begin{Bmatrix} u_{Ai}^x \\ u_{Ai}^y \\ u_{Bi}^x \\ u_{Bi}^y \end{Bmatrix} \tag{3.8b}$$

非连续面 $i(i=1,2,\cdots,m)$ 局部相容矩阵 $\boldsymbol{B}_i$ 组装成整体相容矩阵 $\boldsymbol{B}$。该相容条件需确保节点 j 连接组成的非连续面切向和法向位移总和为零，即生成的 $\boldsymbol{Bd}=0$ 如方程式(3.8a)所示。对位于无约束边界的 s_i 和 n_i 可作为独立变量考虑。

2. 流动法则和能量耗散

对于其他的非连续面，依据 Mohr-Coulomb 屈服准则，法向位移 n_i 和切向位移 s_i 满足一定的关系，即满足相关联流动法则 $n_i = s_i \tan\varphi_i$，其中，φ_i 为摩擦角。引入非连续面 i 的塑性算子 p_i^+ 和 p_i^-，非连续面 i 的切向位移如图 3.5 所示，正剪切方向存在一致和相反两种不同的模式。对于剪切位移为正方向，$s_i^+ = p_i^+ \geqslant 0$ 且 $s_i^- = 0$；对于剪切位移为负方向，$s_i^- = p_i^- \geqslant 0$ 且 $s_i^+ = 0$。引入全部的剪切位移 $s_i = s_i^+ - s_i^-$ 和 $n_i = n_i^+ + n_i^- = s_i^+ \tan\varphi_i + s_i^- \tan\varphi_i$，且 $s_i^+ = 0$ 或 $s_i^- = 0$，以矩阵形式表述为

$$\boldsymbol{N}_i \boldsymbol{p}_i - \boldsymbol{d}_i = 0 \tag{3.9a}$$

$$\begin{bmatrix} 1 & -1 \\ \tan\varphi_i & \tan\varphi_i \end{bmatrix} \begin{Bmatrix} p_i^+ \\ p_i^- \end{Bmatrix} - \begin{Bmatrix} s_i \\ n_i \end{Bmatrix} = \begin{Bmatrix} 0 \\ 0 \end{Bmatrix} \tag{3.9b}$$

式中，p_i^+ 和 p_i^- 为线性规划问题的未知量。因此，$s_i = p_i^+ - p_i^-$ 考虑两种可能的位移模式，如图 3.5 所示。

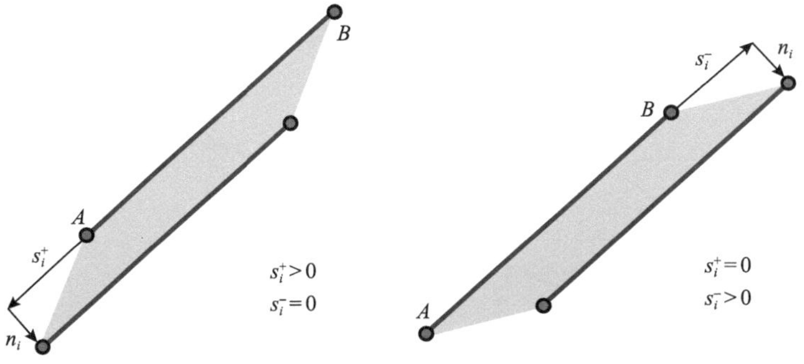

(a) 正剪切和剪胀　　(b) 负剪切和剪胀

图 3.5　非连续面 i 位移的两种可能模式示意图

3. 荷载类型

恒载可通过矢量 $\boldsymbol{f}_{\mathrm{D}}$ 在目标函数或功能平衡中指定，其中，$\boldsymbol{f}_{\mathrm{D}}=\{f_{\mathrm{D}1}^{\mathrm{s}},f_{\mathrm{D}1}^{\mathrm{n}},f_{\mathrm{D}2}^{\mathrm{s}},f_{\mathrm{D}2}^{\mathrm{n}},\cdots,f_{\mathrm{D}m}^{\mathrm{s}},f_{\mathrm{D}m}^{\mathrm{n}}\}$，且 $f_{\mathrm{D}i}^{\mathrm{s}}$，$f_{\mathrm{D}i}^{\mathrm{n}}$ 分别为非连续面 $i(i=1,2,\cdots,m)$ 的切向恒载和法向恒载；活载作用通过矢量 $\boldsymbol{f}_{\mathrm{L}}$ 实现；其中，$\boldsymbol{f}_{\mathrm{L}}^{\mathrm{T}}=\{f_{\mathrm{L}1}^{\mathrm{s}},f_{\mathrm{L}1}^{\mathrm{n}},f_{\mathrm{L}2}^{\mathrm{s}},f_{\mathrm{L}2}^{\mathrm{n}},\cdots,f_{\mathrm{L}m}^{\mathrm{s}},f_{\mathrm{L}m}^{\mathrm{n}}\}$，且 $f_{\mathrm{L}i}^{\mathrm{s}}$ 和 $f_{\mathrm{L}i}^{\mathrm{n}}$ 分别为非接触面 i 的切向活载和法向活载。对于土体自重在非连续面 i 的功率平衡可表述为

$$\boldsymbol{f}_{\mathrm{D}i}^{\mathrm{T}}\boldsymbol{d}_i=\left\{a_y m_i\left[\beta_i \quad \alpha_i\right]+a_x m_i\left[\alpha_i \quad -\beta_i\right]\right\}\begin{bmatrix} s_i \\ n_i \end{bmatrix} \tag{3.10}$$

式中，m_i 为非连续面 i 以上竖直方向的材料总质量；a_x 和 a_y 分别为水平和竖直方向的加速度；$a_y m_i\left[\beta_i \quad \alpha_i\right]+a_x m_i\left[\alpha_i \quad -\beta_i\right]$ 中的两项分别为非连续面 i 以上竖直方向材料在竖直和水平运动做的功。同时，对常规重力作用下的塑性破坏，一般有 a_x=0 和 a_y=$-g$，g 为重力加速度。

3.2.5　对偶问题：平衡构造

根据对偶定理，采用内点法求解方程式(3.5)和式(3.6)。因此，采用 n 节点和 m 节点连接线对平面问题进行离散，一般的对偶平衡形式可表述为

$$\max\lambda \tag{3.11}$$

$$\text{subject to}\ \begin{cases}\boldsymbol{B}^{\mathrm{T}}\boldsymbol{t}+\lambda\boldsymbol{f}_{\mathrm{L}}-\boldsymbol{q}=-\boldsymbol{f}_{\mathrm{D}} & (3.12\mathrm{a})\\ \boldsymbol{N}^{\mathrm{T}}\boldsymbol{q}\leqslant\boldsymbol{g} & (3.12\mathrm{b})\end{cases}$$

式中，$\boldsymbol{t}$ 为在节点 $j(j=1,2,\cdots,n)$ 的等效节点作用力，如图 3.6 所示；$\boldsymbol{q}$ 为非连续面作用荷载矢量。优化问题变量即 $\boldsymbol{t}$ 和 $\boldsymbol{q}$ 以及荷载系数 λ。因此，目标即为最大化荷载系数 λ。

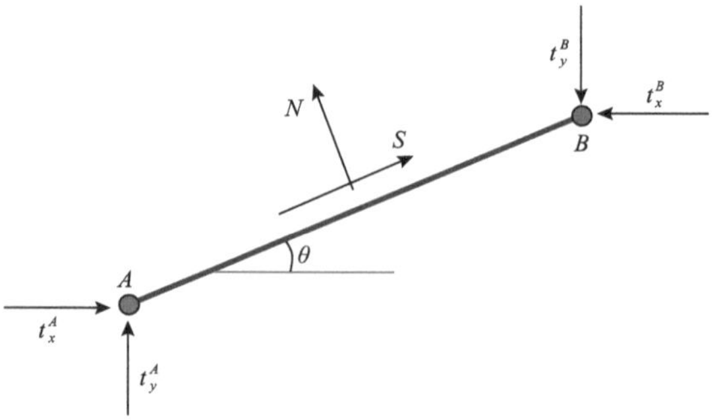

图 3.6　非连续面受力作用示意图

考虑岩土自重黏性-摩擦材料平面极限分析问题的应用。此时，有

$$\boldsymbol{t}^{\mathrm{T}}=\{t_x^1,t_y^1,t_x^2,t_y^2,\cdots,t_x^n,t_y^n\}$$

式中，t_x^j 和 t_y^j 分别为作用在节点 $j(j=1,2,\cdots,n)$ 上的 x 轴和 y 轴方向等效节点内力；$\boldsymbol{q}$ 为作用在非接触面的切向力矢量和法向力矢量，如 $\boldsymbol{q}^{\mathrm{T}}=\{S_1, N_1, S_2, N_2, \cdots, S_m, N_m\}$，且 S_i 和 N_i 分别为作用在滑移面 $i(i=1,2,\cdots,m)$ 上的切向力和法向力。优化问题变量为 t_x^j、t_y^j、S_i、N_i 和荷载系数 λ。

每个滑移面 i 的平衡约束可表述为另一种形式，即

$$\boldsymbol{B}_i^{\mathrm{T}}\boldsymbol{t}_i+\lambda\boldsymbol{f}_{\mathrm{L}}-\boldsymbol{q}_i=-\boldsymbol{f}_{\mathrm{D}i} \tag{3.13a}$$

或以扩展的黏性-摩擦材料形式表述为

$$\begin{bmatrix}\alpha_i & \beta_i & -\alpha_i & -\beta_i\\ -\beta_i & \alpha_i & \beta_i & -\alpha_i\end{bmatrix}\begin{bmatrix}t_x^A\\ t_y^A\\ t_x^B\\ t_y^B\end{bmatrix}+\lambda\begin{bmatrix}f_{\mathrm{L}i}^{\mathrm{s}}\\ f_{\mathrm{L}i}^{\mathrm{n}}\end{bmatrix}-\begin{bmatrix}S_i\\ N_i\end{bmatrix}=-\begin{bmatrix}f_{\mathrm{D}i}^{\mathrm{s}}\\ f_{\mathrm{D}i}^{\mathrm{n}}\end{bmatrix} \tag{3.13b}$$

而对于滑移面 i 的屈服约束条件，则可表述为

$$\boldsymbol{N}_i^{\mathrm{T}}\boldsymbol{q}_i\leqslant\boldsymbol{g}_i \tag{3.14a}$$

或以 Mohr-Coulomb 屈服准则形式扩展为

$$\begin{bmatrix}1 & \tan\varphi_i\\ -1 & \tan\varphi_i\end{bmatrix}\begin{bmatrix}S_i\\ N_i\end{bmatrix}\leqslant\begin{bmatrix}c_il_i\\ c_il_i\end{bmatrix} \tag{3.14b}$$

最后，目标函数为荷载系数 λ 的最大化，以确保潜在滑移面受力不违背屈服条件。

对偶原理意味着如果线性规划原问题通过构造和求解获得，则对偶问题的变量 t_x^j、t_y^j、S_i、N_i 即可得到。一旦对偶问题获得优化解，那么线性规划原问题可直接重新得到。这种策略的有效性可从本节后续内容中得到佐证。但是，这里应该指出的是，尽管受到约束，但除了在屈服区域，参数 S_i 和 N_i 可以取任意值。也就是说，任意位置的法向应力和切向应力合力仅在屈服区域是准确的。

3.2.6　算法

Dorn 等（1964）首次提出连接所有的潜在构件的基结构法。对于由 n 个连接

组成的基结构存在 $m=n(n-1)/2$ 个潜在构件(包括重叠)，如图 3.7 所示。优化求解就是搜索出最佳组合结构且结构体积最小。这些优化结构等同于从 $2m$ 个潜在结构中进行搜索。很明显，绝大多数结构体系因承载而不稳定或不充分稳定，但是直接穷举检验所有的可能组合是难以实现预期目标的。相反地，采用常规梯度法则很容易进行处理。

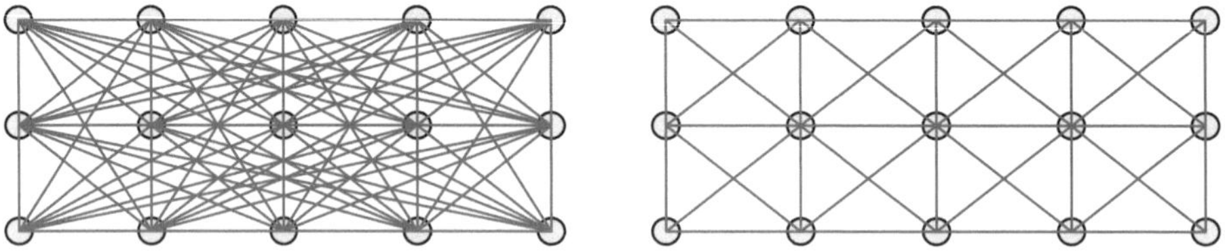

(a) 全连接　　(b) 相邻连接

图 3.7　节点连接线方式

常规基结构法的问题是存在大量的潜在构件和优化变量，使得计算量非常巨大。很长一段时间人们普遍认为，获得优化解唯一可行的方式就是一开始就解决问题，如“在优化流程中没有严格的方法来引入新的构件”。近年来，这一局面有所改变，产生了一种称为“自适应构件增加”的方式，即开始时从少的潜在构件问题着手，随后再逐步增加构件数量。

在自适应构件增加技术中，迭代第一步选择的初始基结构是采用最小的节点连接，该结构应满足以下要求：

(1)充分连接所有的外荷载，通过优化求解并确保结构支承体系稳定。

(2)固定所有的自由度(degree of freedom)以便确定节点位移可以在对偶问题中被计算出来。若在初始结构中存在一个或多个自由度没有约束，那么在该迭代步中，位移就是未知量；自适应杆件增加算法就是通过增加杆件来约束这些自由度，直到下一步产生更多优化构件。若构件不足以约束这些自由度，则需要其他迭代步来介入，直到这些自由度完全被约束。这不会导致过早地终止算法，但需要额外地增加迭代步来计算所有的位移。

对于均匀的节点栅格，基结构可以仅包含邻近节点的连接，如在直角和对角方向的短杆件(没有重叠)，在二维问题中杆件数量大约是 $4n$，其中 n 为节点数量，如图 3.7 所示。采用自适应构件增加技术使得基结构 m 数量乘以系数 n，而不是二维或三维情况下的 n^2 或 n^3 系数。

基结构在第一迭代步中确定问题的大小，并且影响在最后解答之前的迭代次数。Gilbert 和 Tyas(2003)提出采用不同的初始节点连接策略。他们提出，当基结构是没有完全连接的情况时，在程序开始可能仅需几步就能约束自由度

(如果开始就存在不充分约束的情况)。

1. 自适应计算程序

受 Gilbert 和 Tyas(2003)相关方法的启发，DLO 程序采用相似方法能极大地降低内存存储需求并缩短求解时间。该程序充分利用线性规划方法来获得问题解，并用来确定任意节点连线(或滑移线)的受力，即使规划方法没有明确地考虑滑移线的解。该程序的操作步骤如下：

(1)建立初始基结构，其节点间连线(滑移线)仅为竖直、水平和对角的邻近连接(图 3.7)。

(2)采用 DLO 程序求解规划问题，利用这些短滑移线获得有效的上限解，尽管该上限解准确度较差。

(3)利用该结果，搜索所有潜在节点间的滑移线，检验其是否违反屈服条件。

(4)若潜在的滑移线满足屈服条件，则增加该屈服滑移线到线性优化问题集并重新求解。重复步骤(3)。

(5)因为所有的潜在滑移线都已列入原线性规划问题，如果滑移线均没有违背屈服条件，那么所获得的解即为最优解。

在线性规划问题中，当非连续面并没有违背屈服条件时，自适应计算程序就会终止。因此，最终的解是包括所有可能非连续面的线性问题的全域最优解。自适应节点连接策略可有效应用于涉及大量潜在非连续面的问题。

Dorn 等(1964)提出了传统的基结构法，桁架拓扑优化问题可基于塑性设计理论进行构造，并通过线性规划方法进行求解。该方法导致优化问题规模较大，涉及许多设计变量和相应的约束，因此被认为是一种暴力穷举或低效的方法。但与许多其他方法不同，该方法能确保在全域范围内获得最轻桁架。该方法获得的解可立即确定优化几何、形状和界面面积。另外，传统基结构法的主要困难已经被新近发展的基于自适应基结构法的线性规划方法所克服。Gilbert 和 Tyas(2003)及 Huang 等(2011)均对自适应基结构法进行了完善和修正，成功求解了超过百万量级的潜在非连续面边坡问题，并与相关结果一致。该算法在 Python 程序中开发，线性规划部分则在开源软件(GNU’s Not Unix)线性规划工具和 OpenOpt 框架下开发实现。

2. 新拓展：自适应构件删除

为提升自适应计算程序的能力，本节介绍删除冗余构件的算法。冗余构件可以在早期迭代中提高优化解，但是随后在优化结构的演变中发现是没有必要的。修正自适应节点连接策略在每步迭代中包含以下两步：

(1)当屈服条件违背率较高时，增加当前步未激活构件。

(2)当屈服条件违背率较低时，删除当前激活构件。

图 3.8 所示为自适应构件细分流程，其涉及构件的增加和删除。对于构件的删除应该重点考虑以下两种情形：

(1)删除构件导致一些自由度没有约束，因此阻碍了获得问题的解。为克服这一缺点，构件子集可作为不可移除要件，如在每个迭代中无论是否细化检验，这些构件均应参与计算。

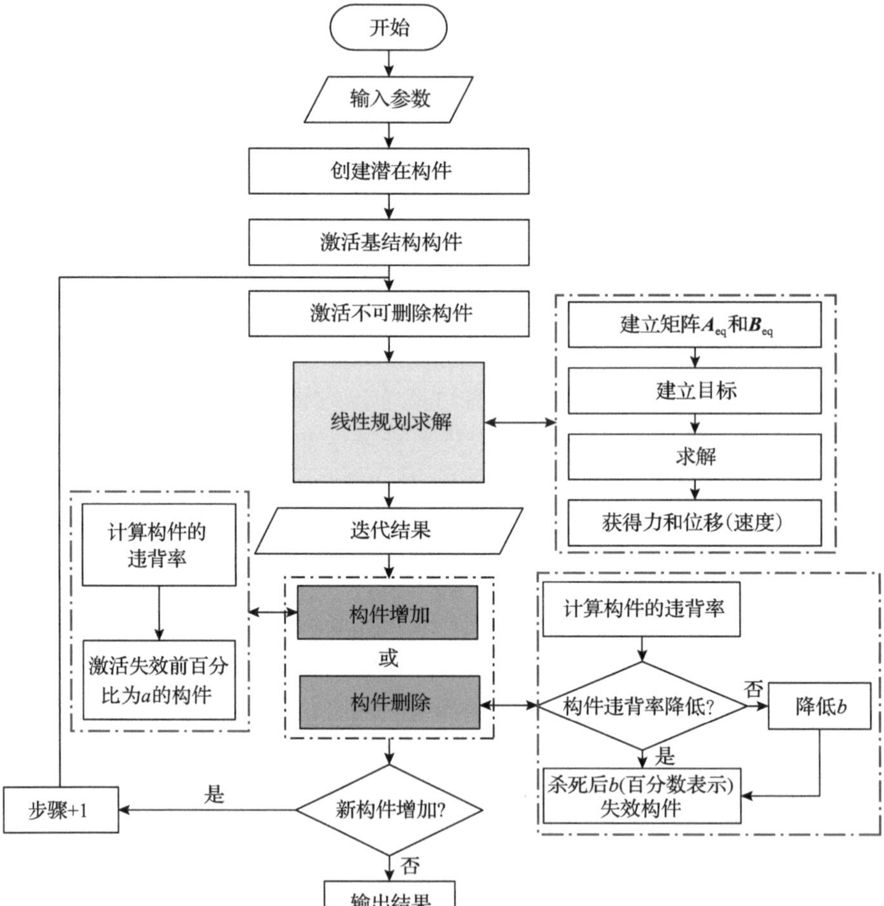

图 3.8　自适应构件细分流程

(2) 程序在连续迭代步两个不同结果间持续振荡，且构件增加和构件删除彼此运作有效。为避免这种情况，一旦识别该情形，构件删除的数量在每迭代步中应该循环降低。因此，与构件增加参数 a 保持不变不同，构件删除比 b（图 3.8）应该为可减少的变量。

如果采用上述两个参数，那么修正的构件细分程序总是收敛于全域优化解。最糟的情况变为删除构件参数减小为零，程序也可单纯地增加构件继续执行。经过试算，参数 a 一般为 10%～15%，而参数 b 为 0.05/order，其中 order 为与构件违背率相关的变量，初始值为 1，一般情况下，如果违背率增加，则 order 增加，那么参数 b 则减小。为表述简洁，式 (3.11) 可转化为等式，即

$$\begin{aligned} &\text{maximize } \lambda \\ &\text{subject to} \quad \boldsymbol{A}_{\text{eq}} \times \boldsymbol{X} = \boldsymbol{B}_{\text{eq}} \end{aligned}$$

将约束方程统一转化为等式。式中，$\boldsymbol{A}_{\text{eq}}$ 为约束方程相容矩阵；$\boldsymbol{X}$ 为优化变量；$\boldsymbol{B}_{\text{eq}}$ 为作用载荷。

上述提及的循环，可通过结构体系中的构件违背率来判定。在最后的迭代步中，构件总的违背率应该为零。相反地，如果违背率增加，那么很有可能预示循环已经出现。尽管构件增加参数和删除比是启发式参数，其值并不影响最后的结果，但是会影响计算成本。这与大多数的连续体拓扑优化方法不同，其最后结果很大程度上取决于任意选择的输入参数，通常称为调整参数。大多基于有限元的拓扑优化程序，也包括固体各向同性材料惩罚模型 (soild isotropic material with penalization, SIMP)，均采用这类参数。

至此，DLO 程序的基本原理和核心思想已介绍完备，主要步骤可归纳如下：

(1) 界定问题的几何和边界条件。

(2) 采用栅格点阵离散问题域。

(3) 节点间连接形成潜在非连续面。

(4) 通过优化确定临界子集。

由于对节点布置形式没有任何约束，为方便起见，本书选择平行于全域坐标轴的节点构成的均匀方格形式。虽然该解多少会受初始节点的影响，但采用节点细分方案后，个别节点的准确位置对优化结果的影响相对弱化。

3. 算法

通过上述离散节点和数学构造形式的应用，本节揭示了非连续面拓扑优化

线性规划问题的数学实质。对于线性规划问题的求解，理论上的方法较多，而且现有的线性规划算法相当成熟，如商业化软件 MOSEK、Gurobi、GAMS 等。线性规划算法在此不再赘述，具体参见相关文献(Gondzio and Sarkissian，1997)，MATLAB 程序详见附录Ⅱ和附录Ⅲ。为便于有兴趣的读者继续开发新型算法和应用案例，在附录Ⅳ中提供了基于 Python 开发的相关程序和案例。

3.2.7 验证

为了验证 DLO 程序的准确性，对典型的地基承载力案例进行分析。为提升分析的效率采用下列策略：①非连续面不能直接贯穿区域边界(有节点处除外)；②增加边界处节点，以弥补非连续面不能贯穿的不足。

1. 算例 1：浅基础地基极限承载力

地基极限承载力采用较低的节点密度(节点目标数为 250)进行计算。为使计算简便，采用对称分析，基础左竖直边界为对称平面，底部和右侧边界固定，刚性基础作用在地表。DLO 法模拟计算结果见表 3.2。从表 3.2 可知，采用较低的节点密度，DLO 法所获得的近似解与基准值非常接近。从表 3.3 中可发现，DLO 程序自适应节点连接技术使得小规模问题求解更迅速，也可以使大规模问题求解减少存储并缩短时间。计算获得的临界非连续面布局构成的破坏模式如图 3.9 所示，准确度随着离散节点的密度增大而提高。最后，正如预期的那样，求解的准确性随着内摩擦角的增大而降低。这是大内摩擦角土体的破坏模式范围更大产生的结果，同时，也意味着采用均匀的节点密度致使基础下部的重要区域节点逐渐趋于稀疏。基于 MATLAB 程序开发的简易版 DLO 程序样例详见本章附录Ⅲ。

表 3.2 地基承载力计算结果(节点目标数 250)

类型	基准值	DLO 法计算结果	差异/%
不排水地基(无重土体)	5.14	5.2	1.17
不排水地基、地表荷载 1kPa(无重土体)	6.14	6.2	0.98
不排水地基	5.14	5.2	1.17
不排水地基、地表荷载 1kPa	6.14	6.2	0.98

表 3.3　地基承载力计算结果统计

节点密度及潜在连接线	迭代步	变量	约束	耗时/s	荷载系数
256 个节点 21972 组连接线	5	4988	2311	2.344	6.200
494 个节点 77019 组连接线	7	10092	4560	6.281	6.172
995 个节点 294274 组连接线	9	21435	9438	15.079	6.161
2031 个节点 1100313 组连接线	14	53226	22255	65.422	6.154

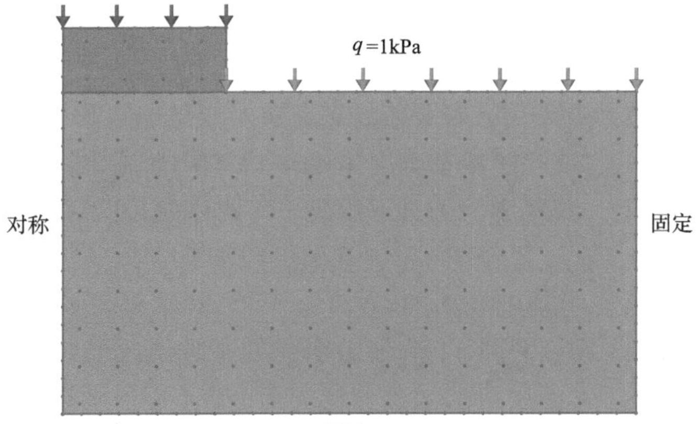

(a) 模型几何及离散节点分布(节点目标数250)

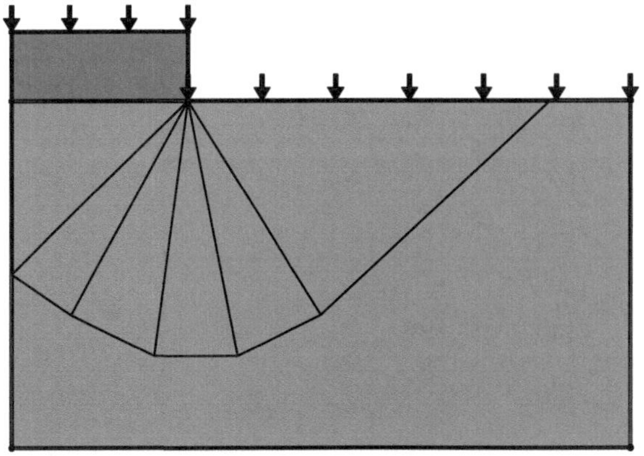

(b) 临界非连续面布局(节点目标数250，λ=6.200)

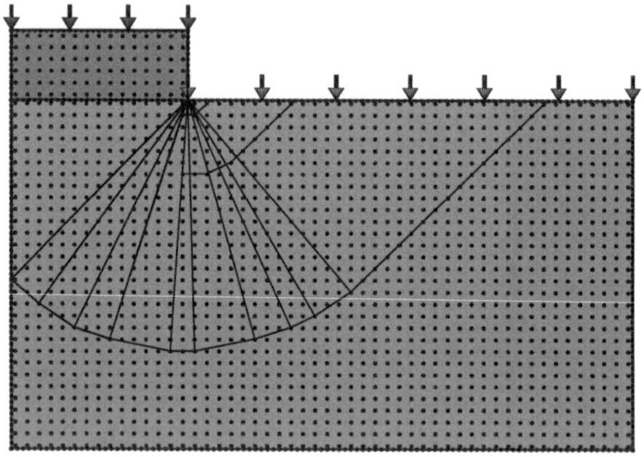

(c) 临界非连续面布局(节点目标数2000，λ=6.154)

图 3.9　浅基础地基承载力计算

2. 算例 2：双层地基承载力

Merifield 等(1999)采用极限分析有限元法对双层地基承载力问题进行了分析，如图 3.10 所示。该问题涉及宽度为 B 的基础坐落在上层为不排水剪切强度 c_{u1} 的黏土地基上，其厚度为 H，下层黏土不排水强度为 c_{u2}，厚度无限。承载力系数定义为 $N_c^*=q_u/c_{u1}$，其中 q_u 为基础极限承载应力。N_c^*为 H/B 和 c_{u1}/c_{u2} 的函数。表 3.4 列出光滑基础表面的 DLO 上限解，其结果较 Merifield 等(1999)的解提高不少。图 3.10 和图 3.11 清晰表明强度参数值改变对滑移破坏模式的影响，滑移面在上层硬土层中扩散到分层界面，在下卧软弱层中扩展形成复杂的剪切区域(图 3.10)。反置上下层强度参数值，则滑移破坏模式局限在上层地层中，如图 3.11 所示。

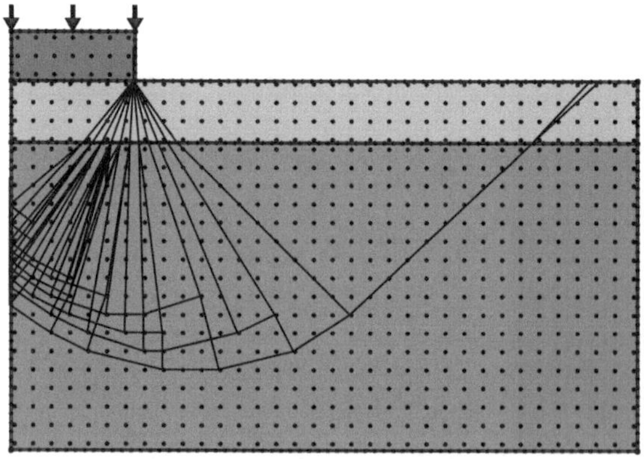

图 3.10　双层地基极限承载力问题

光滑基础，H/B=0.25，c_{u1}/c_{u2}=2.5，λ=2.820

表 3.4　双层地基光滑基础极限承载力系数 N_c^*

H/B	c_{u1}/c_{u2}	承载力系数 N_c^*		
		Merifield 下限解	Merifield 上限解	DLO 上限解
0.5	2.5	3.13	3.47	3.43
0.5	2.0	3.52	3.89	3.79
0.5	1.5	4.07	4.48	4.33
0.5	1.0	4.86	5.32	5.15
0.5	0.5	4.86	5.31	5.17
0.25	2.5	2.58	2.88	2.82
0.25	2.0	3.01	3.34	3.25
0.25	1.5	3.65	4.08	3.91
0.25	1.0	4.86	5.32	5.14
0.25	0.5	5.94	6.50	6.22

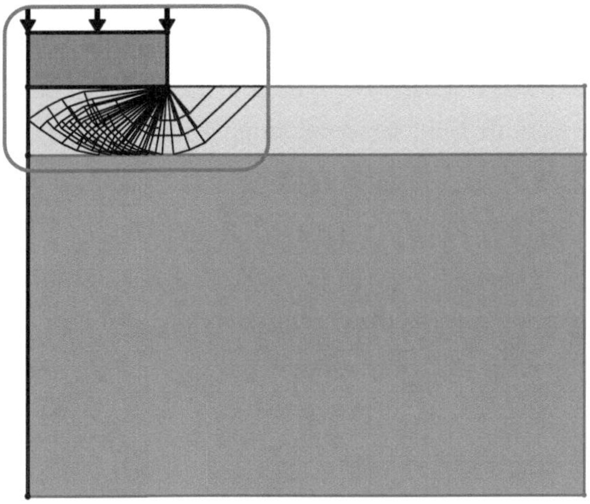

(a) 地基承载力破坏模式全图

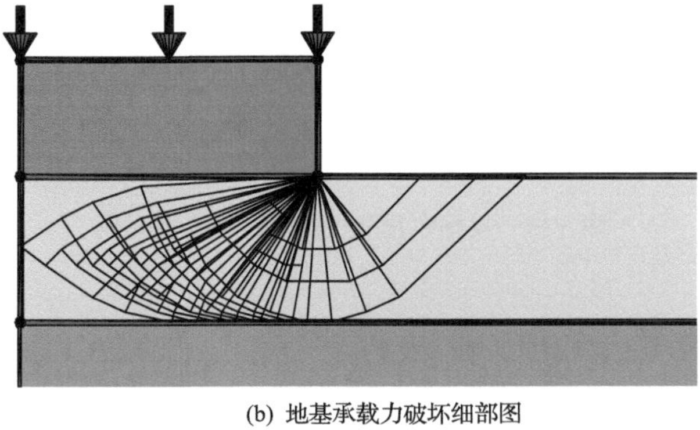

(b) 地基承载力破坏细部图

图 3.11　双层地基承载力破坏模式

光滑基础，H/B=0.25，c_{u1}/c_{u2}=0.5，λ=6.22

3.3 小　结

根据桁架结构的布局优化和非连续面拓扑优化相似性，在传统基结构方法的基础上，从构件增加和构件删除双向对线性优化问题进行求解，并建立自适应节点连接方案，极大地提升了基结构方法的适用性和有效性，可以用来处理大规模的线性优化问题。

从常规地基极限承载力问题求解和应用情况来看，DLO 法的运算能力有了极大的提高。DLO 法通过节点离散和对潜在非连续面的搜索，能保证从全域角度获得最优解。事实上，DLO 法构造形式最大的优点在于所研究的问题域是根据节点和节点间的连接线(或非连续面)来描述的，而不是常规意义上的单元或实体(图 3.12)。潜在连接线可以是任意节点的连线，无论是预设值的节点还是非连续面交叉或重叠产生的节点。在数学构造上也存在一定的优势。以图 3.12 所示的 3×3 离散节点为例，包括 36 个潜在非连续面(含重叠连线)，这些非连续面可以定义 56 个多边单元和 92 个接触面(边界)。在 DLO 程序中，仅考虑非连续面，单元则无须考虑，这将显著降低计算成本，该影响对大规模的节点计算更为明显。从几何学角度而言，DLO 法巧妙借助几何学对优化问题进行降维处理，即将常规的二维域面问题转化为二维域点和线的问题。有理由相信，推广至三维问题，也可将常规的体问题转化为面问题进行处理。

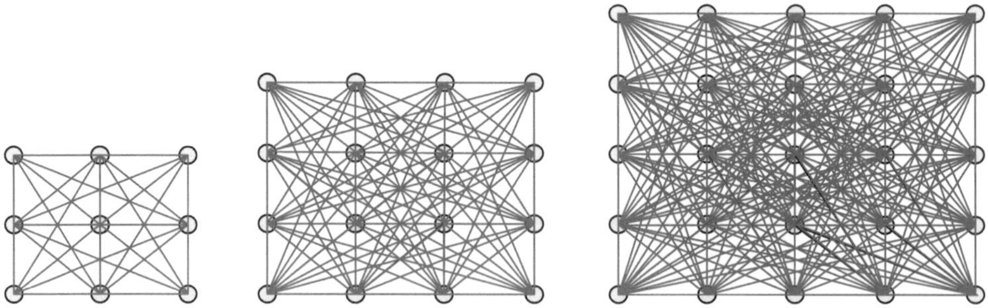

(a) 3×3　　(b) 4×4　　(c) 5×5

图 3.12　规则布置节点栅格和非连续面集

附录Ⅱ　DLO 算法程序源代码(MATLAB)

```
% Topology optimization with adaptive member adding and joint cost
function layopt(n, w, h, l, st, sc, j)
```

```
% 1) Inputs: create N matrix for all nodes, made of eight columns
% N(x y support_x support_y force_x force_y displacement_x displacement_y)
N(:, 1) = reshape(repmat(linspace(0, w, 6 * n + 1), 6 * n + 1, 1), 1, []);
N(:, 2) = reshape(repmat(linspace(0, h, 6 * n + 1), 1, 6 * n + 1), 1, []);
N([2 * n : 4 * n] + 1, [3 4]) = true;     % set supports
N((6 * n + 1) * (6 * n) + 3 * n + 1, 6) = -1; % set loads
% 2) create DOF matrix using N
DOF = cumsum([~N(:, 3); ~N(:, 4)]);
DOF(find(N(:, [3 4]))) = 0;
% 3) Create PCL: full potential connections list, made of four columns
% PCL (node1 node2 length active)
PCL = zeros(sum(1 : size(N, 1) - 1), 4);     % reserve size in advance
N1 = tril(ones((6 * n + 1)^2, 1) * [1 : (6 * n + 1)^2], -1);
N2 = tril([1 : (6 * n + 1)^2]′ * ones((6 * n + 1)^2, 1)′, -1);
PCL(:, 1 : 2) = [N1(find(N1 ~= 0)) N2(find(N2 ~= 0))];
L = [N(PCL(:, 1), 1) - N(PCL(:, 2), 1) N(PCL(:, 1), 2) - N(PCL(:, 2), 2)]′;
PCL(:, 3) = sqrt(sum(L .* L));          % set members length
% 4) Activate base structure elements only, using adjacent connectivity
adjacent_distance = 1.01 * norm([w h] / 6 / n);
%PCL(find(PCL(:, 3) <= adjacent_distance), 4) = true;
grid_distance = 1.01 * N(2, 2);
grid = find(PCL(:, 3) <= grid_distance);
vert = grid(find([N(PCL(grid, 1), 1) - N(PCL(grid, 2), 1)]));
horz = grid(find([N(PCL(grid, 1), 2) - N(PCL(grid, 2), 2)]));
% 5) Main body: solver, adaptive member adding, and output
k = 0;
while ~exist(′added_members_no′, 'var') || added_members_no > 0
  k = k + 1;
PCL(vert, 4) = true;
PCL(horz, 4) = true;
  E = PCL(find([PCL(:, 4)]), :);        % Create elements matrix
  [N forces cost] = solve(N, E, st, sc, j, size(E, 1), size(N, 1), DOF);
  [added_members_no PCL] = member_adding(k, N, PCL, st, sc, j, cost);
  draw(reshape(forces, [], 2), N, E, 1e-6);
end
% 6) External functions :
%%%%%%%%%%%%%%%%%%%% LP Solver %%%%%%%%%%%%%%%%%%%
function [N forces cost] = solve(N, E, st, sc, j, elem_no, nodes_no, DOF)
X = zeros(elem_no * 2, 1);              % variable forces
B = sparse(max(max(DOF)), elem_no * 2);      % reserve size in advance
for elem = 1 : elem_no
```

```
  [n1 n2] = deal(E(elem, 1), E(elem, 2));
  coordinate = [N(n2, 1) - N(n1, 1) N(n2, 2) - N(n1, 2)] ./ E(elem, 3);
  sub_matrix = [coordinate(1) .* [-1 1]; coordinate(2) .* [-1 1]];
  B([n1 n1 + nodes_no], [elem elem + elem_no]) = +sub_matrix;
  B([n2 n2 + nodes_no], [elem elem + elem_no]) = -sub_matrix;
end
B([find([N(:, 3)]); find([N(:, 4)]) + nodes_no], :) = [];
f = [N(find(~N(:, 3)), 5); N(find(~N(:, 4)), 6)];
obj(1 : elem_no * 2) = [2 * j + [E(:, 3) ./ st; E(:, 3) ./ sc]];
[forces, cost, flag, output, lambda] = linprog(obj, [], [], B, f, X);
delta = [0; -lambda.eqlin];
N(:, [7 8]) = reshape(delta(DOF + 1), [], 2);   % get displacements
%%%%%%%%%%%%%%% Adaptive Member Adding & Removing %%%%%%%%%%%%%%%%%
function [added_members_no PCL] = member_adding(k, N, PCL, st, sc, j, cost)
persistent order v1 v2;
if size(order)==0
order = 1;
v1 = 1e10;
v2 = 1e10;
end
if v2 > v1
beep
order = order + 1;
end
counter2 = 0;
removed_members_no = 0;
removing_ratio = 0.05 / order;
members_beta_list2 = ones(size(PCL, 1), 2);
counter = 0;
added_members_no = 0;                 % members to be added
adding_ratio = 0.1;                 % ratio of members to add
members_beta_list = zeros(size(PCL, 1), 2);    % reserve size in advance
for elem = 1 : size(PCL, 1)
  [n1 n2] = deal(PCL(elem, 1), PCL(elem, 2));
  memb_norm = [N(n2, 1) - N(n1, 1) N(n2, 2) - N(n1, 2)]/ PCL(elem, 3);
  displ = [N(n2, 7) - N(n1, 7) N(n2, 8) - N(n1, 8)];
  beta = max(sum(memb_norm .* displ) / (PCL(elem, 3) + j) * [st -sc]);
  if beta >= 1.001 && PCL(elem, 4) == false
    counter = counter + 1;
```

```
    members_beta_list(counter, :) = [elem beta];
  end
elseif beta <= 0.999 && PCL(elem, 4) == true
counter2 = counter2 + 1;
members_beta_list2(counter2, :) = [elem beta];
end
if max(max(members_beta_list)) ~= 0
  members_beta_list = sortrows(members_beta_list, -2);
  added_members_no = ceil(adding_ratio * counter);
  [PCL(members_beta_list(1 : added_members_no, 1), 4)] = true;
v1 = v2;
v2 = sum(members_beta_list(:, 2));
end
if max(max(members_beta_list2)) = 0
members_beta_list2 = sortrows(members_beta_list2, 2);
removed_members_no = floor(removing_ratio * counter2);
[PCL(members_beta_list2(1 : removed_members_no, 1), 4)] ...
= false;
end
%disp(sprintf('%3d: vol.: %2.6f add. :%4d', [k cost added_members_no]));
disp(sprintf('%3d: vol.: %2.6f add:%4d remove:%4d ratio: %.3f', ...
[k cost added_members_no removed_members_no removing_ratio]));
%%%%%%%%%%%%%%%%%%%% Draw Function %%%%%%%%%%%%%%%%%%%%%%%%%
function draw(force_tc, N, E, filter)
tens = E(force_tc(:, 1) > filter, [1 2]);     % tension members
comp = E(force_tc(:, 2) > filter, [1 2]);     % compression members
plot(reshape([N(tens, 1)], [], 2)', reshape([N(tens, 2)], [], 2)', 'k', ...
  reshape([N(comp, 1)], [], 2)', reshape([N(comp, 2)], [], 2)', 'r');
axis equal, drawnow
%
%%%%%%%%%%%%%%%%%%%%%%%%%%%%%%%%%%%%%%%%%%%%%%%%%%%%%%%%%
% This code is provided on an "as-is" basis, the author reserves all %
% rights but disclaims all warranties and conditions. %
%                                    %
% It performs layout optimization for Hemp cantilever domain. %
% To try an example, please call on MATLAB prompt: %
% layopt(1, 1, 1, 1, 1, 1, 0) %
%%%%%%%%%%%%%%%%%%%%%%%%%%%%%%%%%%%%%%%%%%%%%%%%%%%%%%%%%
```

附录Ⅲ　地基极限承载力 MATLAB 程序(简化版)

```
%======================================================================%
%   Discontinuity Layout Optimization (DLO) Demonstration MATLAB Script    %
% (C)2016 Computational Mechanics & Design Research Group, China University of Geosciences
%
%  v2.0 (Dec 2016) - added self-weight and up to 2 boundary conditions per edge    %
%======================================================================%
% edge nos: o C o types: 0 = rigid,     1 = symmetry plane          %
%      D  B     2 = free      3 = 'flexible' load            %
%      o A o     4 = 'rigid' load  5 = 'rigid' load constrained laterally    %
%                                        %
% Usage: dlo(xmax, ymax, edgeA, edgeB, edgeC, edgeD, cohesion, phiDegs, unitWeight)
%
% N.B. if two conditions along edgeX, replace with [edgeX1; edgeX2; lengthOfedgeX2]
%
%                                        %
% Example 1: dlo(9, 6, 0, 0, 2, 5, 1, 0, 0) (Retaining wall; exact = (2 + pi) / 2)
%                                        %
% Example 2: dlo(13, 7, 0, 0, [5; 2; 9], 1, 1, 0, 0) (Prandtl; exact = 2 + pi)       %
%                                        %
% Example 3: dlo(4, 4, [5; 0; 3], 0, 2, 1, 0, 20, 1) (Anchor; exact = 6.912)        %
%                                        %
function dlo(xmax, ymax, edgeA, edgeB, edgeC, edgeD, cohesion, phiDegs, unitWeight)
    nodes = createNodes(xmax, ymax);
    discs = createDiscontinuities(nodes, xmax, ymax, edgeA, edgeB, edgeC, edgeD);
      B = compatibilityMatrix(nodes, discs);
[objP padN N] = plasticMultiplierTerms(nodes, discs, cohesion, phiDegs);
      fD = selfWeight(nodes, discs, ymax, unitWeight);
      fL = unitLoad(discs);
     tied = tieDiscs(discs);
 [vars, soln] = solve(B, N, padN, fD, fL, tied, objP);
        plotMechanism(nodes, discs, vars, xmax, ymax);
        soln
%======================================================================%
% SETUP NODES %
function nodes = createNodes(nx, ny)
nodes = [];
for y = 0 : ny
```

```
  for x = 0 : nx
    nodes = [nodes; size(nodes, 1) + 1 x y];
  end
end
% SETUP DISCONTINUITY ELEMENTS %
function discs = createDiscontinuities(nodes, xmax, ymax, edgeA, edgeB, edgeC, edgeD)
discs = [];
edgeA = sparse(3, 1) + edgeA; edgeB = sparse(3, 1) + edgeB; edgeC = sparse(3, 1)
+ edgeC; edgeD = sparse(3, 1) + edgeD;
for i = 1 : size(nodes, 1) - 1
  for j = i + 1 : size(nodes, 1)
    edgeType = edgeA(1) * ((nodes(i, 3) + nodes(j, 3) == 0) && (nodes(i, 2) <= (xmax
- edgeA(3))) && (nodes(j, 2) <= (xmax - edgeA(3))))...
         + edgeA(2) * ((nodes(i, 3) + nodes(j, 3) == 0) && (nodes(i, 2) >= (xmax
- edgeA(3))) && (nodes(j, 2) >= (xmax - edgeA(3))))...
         + edgeB(1) * (nodes(i, 2) + nodes(j, 2) == 2 * xmax) ...
         + edgeC(1) * ((nodes(i, 3) + nodes(j, 3) == 2 * ymax) && (nodes(i, 2) <=
(xmax - edgeC(3))) && (nodes(j, 2) <= (xmax - edgeC(3))))...
         + edgeC(2) * ((nodes(i, 3) + nodes(j, 3) == 2 * ymax) && (nodes(i, 2) >=
(xmax - edgeC(3))) && (nodes(j, 2) >= (xmax - edgeC(3))))...
         + edgeD(1) * (nodes(i, 2) + nodes(j, 2) == 0);
    if (gcd(abs(nodes(j, 2) - nodes(i, 2)), abs(nodes(j, 3) - nodes(i, 3))) < 1.0001)
      discs = [discs; i j edgeType sqrt((nodes(i, 2) - nodes(j, 2))^2 + (nodes(i, 3)
- nodes(j, 3))^2)];
    end
  end
end
% SETUP COMPATIBILIY MATRIX %
function B = compatibilityMatrix(nodes, discs);
[nCons nVars] = deal(2 * size(nodes, 1), 2 * size(discs, 1));
B = sparse(nCons, nVars);
for i = 1 : size(discs, 1)
  [n1 n2 len] = deal(discs(i, 1), discs(i, 2), discs(i, 4));
  [conN1 conN2 var] = deal(2 * nodes(n1, 1) - 1, 2 * nodes(n2, 1) - 1, 2 * i - 1);
  [cosine sine] = deal((nodes(n1, 2) - nodes(n2, 2)) / len,
(nodes(n1, 3) - nodes(n2, 3)) / len);
  B_local = [cosine -sine; sine cosine];
  B([conN1 conN1 + 1], [var var + 1]) = B_local;
  B([conN2 conN2 + 1], [var var + 1]) = -B_local;
end
% SETUP PLASTIC MULTIPLIER MATRIX %
```

```
function [objP, padN, N] = plasticMultiplierTerms(nodes, discs, c, phiDegrees);
objP = sparse(0, 0); padN = sparse(0, 0); N = sparse(0, 0); count = 1; tan_phi =
tan(pi * phiDegrees / 180);
for i = 1 : size(discs, 1)
  if (discs(i, 3) < 2) % i.e. if rigid or symmetry
    [eff_c eff_tanPhi] = deal(c * (discs(i, 3) ~= 1), tan_phi * (discs(i, 3) ~= 1));
    [con var] = deal(2 * count - 1, 2 * count - 1);
    N_local = [1 -1; eff_tanPhi eff_tanPhi];
    N([con con + 1], [var var + 1]) = N_local;
    padN_local = sparse(2, 2 * size(discs, 1));
    padN_local(1, 2 * i - 1) = -1;
    padN_local(2, 2 * i) = -1;
    padN = [padN; padN_local];
    objP = [objP eff_c * discs(i, 4) eff_c * discs(i, 4)];
    count = count + 1;
  end
end
% SELF WEIGHT LOADS %
function fD = selfWeight(nodes, discs, ymax, unitWeight);
fD = [];
for i = 1 : size(discs, 1)
  [n1 n2 len] = deal(discs(i, 1), discs(i, 2), discs(i, 4));
  [cosine sine] = deal((nodes(n1, 2) - nodes(n2, 2)) / len,
(nodes(n1, 3) - nodes(n2, 3)) / len);
  stripWidth = nodes(n2, 2) - nodes(n1, 2);
  stripWeight = unitWeight * stripWidth * (ymax - 0.5 * (nodes(n1, 3)
+ nodes(n2, 3)));
  fD = [fD; -sine * stripWeight; -cosine * stripWeight];
end
% EXTERNAL LIVE LOADS %
function fL = unitLoad(discs);
fL = sparse(1, 2 * size(discs, 1));
for i = 1 : size(discs, 1)
  if (discs(i, 3) >= 3)
    fL(1, 2 * i) = 1; %normal stress
  end
end
% LINK ELEMENT DISPLACEMENTS (ONLY IF RIGID LOADS) %
function tied = tieDiscs(discs); % for simplicity implement by adding constraints
tied = sparse(0, 2 * size(discs, 1)); ilast = 0;
for i = 1 : size(discs, 1)
```

```
  if (discs(i, 3) >= 4) % i.e. if rigid load
    if ((ilast ~= 0) || (discs(i, 3) == 5))
      extra = sparse(2, 2 * size(discs, 1));
      extra(1, 2 * i - 1) = 1;
      if ilast ~= 0
        extra(1, 2 * ilast - 1) = -1;
        extra(2, 2 * i) = 1; extra(2, 2 * ilast) = -1;
      end
      tied = [tied; extra];
    end
    ilast = i;
  end
end
% FORM AND SOLVE LINEAR PROGRAMMING PROBLEM %
function [variables, solution] = solve(B, N, padN, fD, fL, tied, objP);
bigNumber = 1000; warning off MATLAB:divideByZero;
[padB padFL padTied] = deal(sparse(size(B, 1), size(N, 2)), sparse(1, size(N, 2)),
sparse(size(tied, 1), size(N, 2)));
equalityMatrix = [B padB; padN N; fL padFL; tied padTied];
equalityRHS = sparse(size(equalityMatrix, 1), 1);
equalityRHS(size(B, 1) + size(N, 1) + 1, 1) = 1;
obj = [fD; objP']; % objP' contains plastic multiplier terms
lowerB = [-bigNumber * ones(size(B, 2), 1); sparse(size(N, 2), 1)];
upperB = [bigNumber * ones(size(B, 2), 1); bigNumber * ones(size(N, 2), 1)];
[variables, solution] = linprog(obj, [], [], equalityMatrix, equalityRHS, lowerB,
upperB);
% PLOT MECHANISM %
function plotMechanism(nodes, discs, variables, xmax, ymax);
clf; hold on; axis equal;
set(gca,'XLim',[0 xmax],'XTick',[0:1:xmax],'YLim',[0 ymax],'YTick',[0:1:ymax],
'FontSize', 12)
xlabel('x', 'FontSize', 14); ylabel('y', 'FontSize', 12);
for pass = 1 : 2 % plot active elements on top of inactive elements
  for i = 1 : size(discs, 1)
    [xp yp] = deal([nodes(discs(i, 1), 2); nodes(discs(i, 2), 2)],
[nodes(discs(i, 1), 3); nodes(discs(i, 2), 3)]);
    if ((pass == 2) && ((abs(variables(2 * i)) > 0.001) ||
(abs(variables((2 * i) - 1)) > 0.001)) && (discs(i, 3) ~= 1))
      plot(xp, yp, 'r-', 'LineWidth', 3);    % active = red
    elseif (pass == 1)
      plot(xp, yp, '-', 'Color', [0.9 0.9 0.9]); % inactive = light grey
```

```
    end
  end
end
```

附录Ⅳ　DLO 程序源代码(Python)与案例

主程序文件 dlopy

```
from numpy import vstack, column_stack, array, ndarray, zeros, ones, mgrid, insert
from math import gcd, tan, pi
from scipy import sparse, optimize
from matplotlib import pyplot, collections
from sklearn.neighbors import kneighbors_graph
from scipy.sparse import triu
from numba import guvectorize

class Soil(object):
  """
  Soil object
  """
  def __init__(self, soil):
    _id = None
    _type = 'single soil'
    self.cohesion = soil['cohesion']
    self.phi = soil['phi'] # degrees
    self.unit_weight = soil['unit_weight']

class DLO(object):
  """
  DLO object for rectangular soil domain
  Efficient Python Implementation of Discontinuity Layout Optimization (DLO)
Demonstration

  Boundary conditions
  edges: . c . types: 0 = rigid,    1 = symmetry plane
     d b     2 = free     3 = 'flexible' load
     . a .     4 = 'rigid' load 5 = 'rigid' load constrained laterally

  If two conditions along edge_a/c replace with list: [edge_a/c1_type,
edge_a/c2_type, length_of_edge_a/c2]
```

```
  References
  M. Gilbert et al. Application of discontinuity layout optimization to geotechnical
limit analysis problems
  Proceedings of the 7th European Conference on Numerical Methods in Geotechnical
Engineering, 2010.
  """
  def __init__(self, soil, bcs):
    self.s = soil
    self.x = bcs['x_max']
    self.y = bcs['y_max']
    self.xym = array((bcs['x_max'], bcs['y_max']))
    self.bcs = zeros((4, 3), dtype=int)
    self.bcs[0, :] = bcs['edge_a'] if isinstance(bcs['edge_a'], list) else
[bcs['edge_a'], 0, 0]
    self.bcs[1, :] = [bcs['edge_b'], 0, 0]
    self.bcs[2, :] = bcs['edge_c'] if isinstance(bcs['edge_c'], list) else
[bcs['edge_c'], 0, 0]
    self.bcs[3, :] = [bcs['edge_d'], 0, 0]
    self.nodes, self.nn = self.nodes()
    self.discs, self.lens, self.nd = self.discontinuities()
    self.b = self.compatibility_matrix()
    self.obj_p, self.pad_n, self.n = self.plastic_multiplier_terms()
    self.f_d = self.self_weight()
    self.f_l = self.unit_load()
    self.tied = self.tie_discs()
    self.result = None

  def nodes(self):
    """
    Create nodes
    :return: nodes
    """
    x, y = mgrid[0:self.x+1:1, 0:self.y+1:1]
    n = vstack([x.ravel(), y.ravel()]).T

    return n, len(n)

  @staticmethod
  @guvectorize(['f8[:, :], i4[:, :], f8[:], i4[:]'], '(n,m),(a,b),(c)->()')
  def type(x, e, m, i):
    x1, y1, x2, y2 = x[0, 0], x[0, 1], x[1, 0], x[1, 1]
```

```
        a, b, c, d, xm, ym = e[0], e[1], e[2], e[3], m[0], m[1]
        a1 = a[0] * ((y1 + y2 == 0) and (x1 <= (xm - a[2])) and (x2 <= (xm - a[2])))
        a2 = a[1] * ((y1 + y2 == 0) and (x1 >= (xm - a[2])) and (x2 >= (xm - a[2])))
        b0 = b[0] * (x1 + x2 == 2 * xm)
        c1 = c[0] * ((y1 + y2 == 2 * ym) and (x1 <= (xm - c[2])) and (x2 <= (xm - c[2])))
        c2 = c[1] * ((y1 + y2 == 2 * ym) and (x1 >= (xm - c[2])) and (x2 >= (xm - c[2])))
        d0 = d[0] * (x1 + x2 == 0)
        i[:] = a1 + a2 + b0 + c1 + c2 + d0

    @staticmethod
    @guvectorize(['f8[:, :], b1[:]'], '(n,m)->()')
    def gcd(x, b):
        b[:] = gcd(abs(x[0, 0] - x[1, 0]), abs(x[0, 1] - x[1, 1])) < 1.0001

    def discontinuities(self):
        """
        Create discontinuities
        :return: discs
        """
        n = self.nodes
        adj = triu(kneighbors_graph(n, self.nn-1, mode='distance', n_jobs=-1), k=0,
format='coo')
        ind = column_stack((adj.row, adj.col))
        lns = column_stack(adj.data).T
        dtk = self.gcd(n[ind])
        ind = ind[dtk]
        bcs = self.type(n[ind], self.bcs, self.xym)
        lns = lns[dtk].ravel()
        dis = column_stack((ind+1, bcs, list(range(len(bcs)))))

        return dis, lns, len(dis)

    @staticmethod
    @guvectorize(['i4[:],  f8,  f8[:,  :],  f8[:],  i4[:],  i4[:],  f8[:]'],
'(n),(),(a,b),(c)->(c),(c),(c)')
    def cm(d, ln, n, s, r, c, b):
        n1, n2, i = d[0], d[1], d[3]
        c1, c2, v = 2*n1-1, 2*n2-1, 2*(i+1)-1
        cos, sin = (n[n1-1, 0] - n[n2-1, 0]) / ln, (n[n1-1, 1] - n[n2-1, 1]) / ln
        r[:] = [c1-1, c1-1, c1, c1, c2-1, c2-1, c2, c2]
        c[:] = [v-1, v, v-1, v, v-1, v, v-1, v]
```

```
    b[:] = [cos, -sin, sin, cos, -cos, sin, -sin, -cos]

  def compatibility_matrix(self):
    """
    Setup compatibility matrix
    :return: b
    """
    r, c, d = self.cm(self.discs, self.lens, self.nodes, ndarray((8,)))
    bb = sparse.coo_matrix((d.ravel(), (r.ravel(), c.ravel())))
    return bb

  @staticmethod
  @guvectorize(['i4[:], f8, i4, f8[:], f8[:], f8[:], i4[:], i4[:], f8[:], i4[:],
i4[:], i4[:], f8[:]'],
        '(n),(),(),(p),(s1),(s2)->(s1),(s1),(s1),(s2),(s2),(s2),(s2)')
  def pmt(d, ln, ct, p, s1, s2, r1, c1, n, r2, c2, pn, op):
    eff_c, eff_tp = p[0] * (d[2] != 1), p[1] * (d[2] != 1)
    cv = 2*ct # 2 * count - 1, 2 * count - 1
    r1[:] = [cv, cv, cv+1, cv+1]
    c1[:] = [cv, cv + 1, cv, cv + 1]
    n[:] = [1, -1, eff_tp, eff_tp]
    r2[:] = [cv, cv+1]
    c2[:] = [2*d[3], 2*d[3]+1]
    pn[:] = [-1, -1]
    op[:] = [eff_c*ln, eff_c*ln]

  def plastic_multiplier_terms(self):
    """
    Setup plastic multiplier terms
    :return: obj_p, pad_n, n
    """
    par = [self.s.cohesion, tan(pi * self.s.phi / 180)]
    msk = self.discs[:, 2] < 2
    pm = self.pmt(self.discs[msk], self.lens[msk], range(msk.sum()), par,
ndarray((4,)), ndarray((2,)))
    nn = sparse.coo_matrix((pm[2].ravel(), (pm[0].ravel(), pm[1].ravel())))
    pn = sparse.coo_matrix((pm[5].ravel(), (pm[3].ravel(), pm[4].ravel())),
shape=(2 * msk.sum(), 2 * self.nd))
    op = sparse.coo_matrix((pm[6].ravel(), (pm[3].ravel(), pm[4].ravel()*0)))

    return op, pn, nn
```

```
  @staticmethod
  @guvectorize(['i4[:],  f8,  f8[:,  :],  f8,  f8,  f8[:],  i4[:],  f8[:]'],
'(n),(),(a,b),(),(),(s)->(s),(s)')
  def sw(d, ln, n, uw, ym, s, r, f):
    n1, n2, i = d[0], d[1], d[3]
    cos, sin = (n[n1 - 1, 0] - n[n2 - 1, 0]) / ln, (n[n1 - 1, 1] - n[n2 - 1, 1]) / ln
    wdt = n[n2 - 1, 0] - n[n1 - 1, 0]
    wgt = uw * wdt * (ym - 0.5 * (n[n1 - 1, 1] + n[n2 - 1, 1]))
    r[:] = [2 * i, 2 * i + 1]
    f[:] = [-sin * wgt, -cos * wgt]

  def self_weight(self):
    """
    Self weight loads
    :return: f_d
    """
    fd = self.sw(self.discs, self.lens, self.nodes, self.s.unit_weight, self.xym[1],
ndarray((2,)))
    fd = sparse.coo_matrix((fd[1].ravel(), (fd[0].ravel(), fd[0].ravel()*0)))

    return fd

  @staticmethod
  @guvectorize(['i4[:], i4[:], i4[:]'], '(n)->(),()')
  def ul(d, r, f):
    i = d[3]
    r[:] = 2*(i+1)-1
    f[:] = 1

  def unit_load(self):
    """
    External live loads
    :return: f_l
    """
    msk = self.discs[:, 2] >= 3
    fl = self.ul(self.discs[msk])
    fl = sparse.coo_matrix((fl[1], (fl[0]*0, fl[0])), shape=(1, 2*self.nd))

    return fl

  @staticmethod
```

```
  @guvectorize(['i4[:],    i4,    i4,    f8[:],    i4[:],    i4[:],    i4[:]'],
'(n),(),(),(s)->(s),(s),(s)')
  def td(d, il, ct, s, r, c, e):
    bc, i = d[0], d[1]
    r[:] = [2 * ct, 2 * ct, 2 * ct + 1, 2 * ct + 1]
    if (il != -1) or (bc == 5):
      if il == -1:
        e[:] = [1, 0, 0, 0]
        c[:] = [2 * (i + 1) - 2, 0, 0, 0]
      else:
        c[:] = [2 * (i + 1) - 2, 2 * (il + 1) - 2, 2 * (i + 1) - 1, 2 * (il + 1) - 1]
        e[:] = [1, -1, 1, -1]

  def tie_discs(self):
    """
    Link element displacements
    :return: tied
    """
    msk = self.discs[:, 2] >= 4
    if any(msk):
      td = self.td(self.discs[msk, 2:], insert(self.discs[msk, 3], 0, -1)[:-1],
range (msk.sum()), ndarray((4,)))
      td  =  sparse.coo_matrix((td[2].ravel(),  (td[0].ravel(),  td[1].ravel())),
shape=(2 * msk.sum(), 2 * self.nd))
    else:
      td = sparse.coo_matrix((0, 2 * self.nd))

    return td

  def solve(self):
    """
    Cast and solve linear programming problem
    :return: res
    """
    bn = 1000
    pad_b = sparse.coo_matrix((self.b.shape[0], self.n.shape[1]))
    pad_f_l = sparse.coo_matrix((1, self.n.shape[1]))
    pad_tied = sparse.coo_matrix((self.tied.shape[0], self.n.shape[1]))
    a_eq = sparse.vstack([sparse.hstack([self.b, pad_b]), sparse.hstack([self.
pad_n, self.n]),
           sparse.hstack([self.f_l, pad_f_l]), sparse.hstack([self.tied, pad_tied])])
```

```
    b_eq = sparse.lil_matrix((a_eq.shape[0], 1))
    b_eq[self.b.shape[0] + self.n.shape[0], 0] = 1

    c = sparse.vstack([self.f_d, self.obj_p])

    l_b = sparse.vstack([sparse.coo_matrix(-bn * ones((self.b.shape[1], 1))),
              sparse.coo_matrix((self.n.shape[1], 1))])
    u_b = sparse.vstack([sparse.coo_matrix(bn * ones((self.b.shape[1], 1))),
              sparse.coo_matrix(bn * ones((self.n.shape[1], 1)))])
    bounds = sparse.hstack([l_b, u_b])

    res = optimize.linprog(c.toarray(),
               A_ub=None,
               b_ub=None,
               A_eq=a_eq,
               b_eq=b_eq.toarray(),
               bounds=bounds.toarray(),
               method='highs',
               options={'disp': True})
    # note solver methods 'interior-point' (default) 'simplex' (legacy) perform
poorly for these lp problems
    # todo test sparse solve
    self.result = res

    return res, c, a_eq, b_eq

  def plot_mechanism(self):
    """
    Plot mechanism
    :return:
    """
    active = abs(self.result.x[0:2 * self.nd]).reshape(self.nd, 2).sum(axis=1) >
0.001
    lines_i = list(zip(self.nodes[self.discs[:, 0] - 1],
             self.nodes[self.discs[:, 1] - 1]))
    lines_a = list(zip(self.nodes[self.discs[active, 0] - 1],
             self.nodes[self.discs[active, 1] - 1]))
    lc_i = collections.LineCollection(lines_i, colors='grey', linewidths=0.5)
    lc_a = collections.LineCollection(lines_a, colors='red', linewidths=1.5)
    fig, ax = pyplot.subplots()
    ax.add_collection(lc_i)
```

```
    ax.add_collection(lc_a)
    ax.axis('equal')
    # ax.autoscale()
    # ax.margins(0.1)
    pyplot.xticks(range(0, self.x+1, 1))
    pyplot.yticks(range(0, self.y+1, 1))
    pyplot.show()


def calc(bcs, soil, plot_mechanism=True):
  """
  Calculation type for simple single rectangular soil
  :param bcs: [dict] boundary conditions
  :param soil: [dict] soil properties
  :param plot_mechanism: [boolean] plot mechanism
  :return: [object] optimisation results
  """
  # create soil type
  s = Soil(soil)

  # create dlo calculation with single rectangular soil type
  print('Creating arrays...')
  c = DLO(s, bcs)

  # solve
  print('Solving...')
  result = c.solve()[0]
  print(result)

  # plot
  if plot_mechanism:
    c.plot_mechanism()
  return result


if __name__ == "__main__":
pass

#典型案例#
import scipy.io
from dlopy.dlo import Soil, DLO, calc
from numpy.testing import (assert_equal, assert_almost_equal, assert_,
```

```
            assert_array_almost_equal, assert_allclose,
            assert_array_equal, suppress_warnings)


class Tests:
  """
  Test object
  """
  def test_cases(self):
    # anchor
    bcs = {'x_max': 4,
        'y_max': 4,
        'edge_a': [5, 0, 3], # 0-1 rigid load, 1-4 rigid
        'edge_b': 0, # rigid
        'edge_c': 2, # free
        'edge_d': 1} # symmetry plane
    soil = {'cohesion': 0,
        'phi': 20,
        'unit_weight': 1}
    res, obj, lhs, rhs = DLO(Soil(soil), bcs).solve()
    # tas = scipy.io.loadmat('test_arrays.mat')
    # assert_array_equal(obj.toarray(), tas['obj'].toarray())
    # assert_array_equal(lhs.toarray(), tas['equalityMatrix'].toarray())
    # assert_array_equal(rhs.toarray(), tas['equalityRHS'].toarray())
    assert_almost_equal(res.fun, 6.951623304544706)

    # square
    bcs = {'x_max': 1,
        'y_max': 1,
        'edge_a': 0, # rigid
        'edge_b': 2, # free
        'edge_c': 3, # flexible load
        'edge_d': 0} # rigid
    soil = {'cohesion': 1,
        'phi': 0, # no dilation, undrained soil or clay
        'unit_weight': 0}
    res = calc(bcs, soil, plot_mechanism=False)
    assert_almost_equal(res.fun, 1.999999999999789)

    # Prandtl
    bcs = {'x_max': 13,
```

```
        'y_max': 7,
        'edge_a': 0, # rigid
        'edge_b': 0, # rigid
        'edge_c': [5, 2, 9], # 0-4 rigid load, 4-13 free
        'edge_d': 1} # symmetry plane
    soil = {'cohesion': 1,
        'phi': 0,
        'unit_weight': 0}
    res = calc(bcs, soil, plot_mechanism=False)
    assert_almost_equal(res.fun, 5.205128205607322)

    # wall
    bcs = {'x_max': 9,
        'y_max': 6,
        'edge_a': 0, # rigid
        'edge_b': 0, # rigid
        'edge_c': 2, # free
        'edge_d': 5} # rigid load
    soil = {'cohesion': 1,
        'phi': 0,
        'unit_weight': 0}
    res = calc(bcs, soil, plot_mechanism=False)
    assert_almost_equal(res.fun, 2.602564102494697)


if __name__ == '__main__':
Tests().test_cases()
```

第4章　边坡稳定分析

第3章详细论述了非连续面拓扑优化数值极限分析上限法的基本原理、离散和构造类型，以及相应的计算求解方法，这只是数值极限分析上限法在理论和形式上得到应用的第一步，针对工程实践应用还需解决诸多问题，如孔隙水压力、安全系数、结构面等。如前所述，基于传统极限理论的非连续面拓扑优化上限法不但可以提高计算效率，还可以扩展理论的应用范围。因此，本章主要探讨非连续面拓扑优化上限法在土质、岩质边坡以及砌体墙结构等稳定性问题方面的应用。

4.1　孔隙水压力和安全系数

前面章节全面阐述了基于非连续面拓扑优化数值极限分析上限法的数学构造形式，并在地基极限承载力问题中得到验证，对于边坡稳定问题的应用则需要做些许的调整，尤其是要考虑孔隙水压力或地下水的影响以及安全系数。

4.1.1　孔隙水压力

在本节中，与基于有限元法的数值极限分析方法类似，孔隙水压力的作用通过外力功的形式来实现，主要是因为该形式的物理意义更为清晰和明确。将土体块体理想化为刚性，仅考虑非连续面集合的孔隙水压力的影响。对诸如黏土等不可压缩材料而言，孔隙水压力的净功为零，这意味着孔隙水压力在稳定性分析中没有影响。

为方便起见，在后续分析中 c 和 φ 代替排水条件下的强度参数 c'和 φ' 以及不排水条件下的强度参数 $c_{\mathrm{u}}(\varphi_{\mathrm{u}}=0)$。对土体重度为 γ 、黏聚力为 c 和内摩擦角为 φ 的 Mohr-Coulomb 材料而言，若相邻滑动块体非连续面(或接触面) i 的相对剪切位移为 s_i，则内力耗散功和全域的体力功可以表示为

$$E=\sum_{i=1}^{m}c_i l_i s_i+\sum_{j=1}^{b}\gamma_j A_j v_{zj} \tag{4.1}$$

式中，m 为接触面数量；b 为块体数；c_i 和 l_i 分别为非连续面 i 的剪切强度和长

度；γ_j、A_j 和 v_{zj} 分别为滑动块体 j 的重度、面积和绝对竖向位移。值得指出的是，为简洁起见，本节提及的能量耗散和位移分别为能量耗散率和位移率(或速度)的简称。

本节首次在DLO程序中考虑孔隙水压力。图4.1所示为部分滑移块体模型，其中每个单元 j 均有绝对位移 v_j 和水平倾角 α_j。孔隙水的出现意味着其压力(U)法向且向内作用在单元的任意面。作用在单元 j 的功 E 可以表示为

$$E_j = v_j\{U_{AB}\cos[\alpha_j - (\theta_{AB} - \pi/2)] + U_{BC}\cos[\alpha_j - (\theta_{BC} - \pi/2)] + U_{AC}\cos[\alpha_j - (\theta_{AC} - \pi/2)]\} \tag{4.2}$$

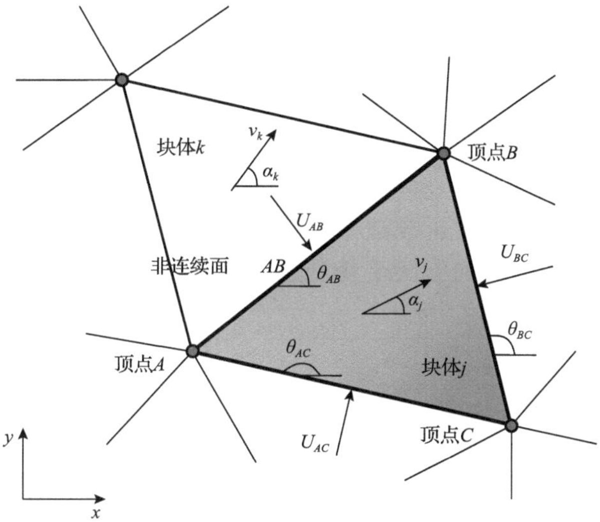

图 4.1 滑移块体孔隙水压力作用示意图

同样地，单元 k 的功为

$$E_k = v_k\{U_{AB}\cos[\alpha_k - (\theta_{AB} + \pi/2)] + \cdots\} \tag{4.3}$$

因此，对于非连续面 AB，其功为

$$\begin{aligned} E_{AB} &= v_j\{U_{AB}\cos[\alpha_j - (\theta_{AB} - \pi/2)]\} + v_k\{U_{AB}\cos[\alpha_k - (\theta_{AB} + \pi/2)]\} \\ &= U_{AB}\{v_j\sin(\theta_{AB} - \alpha_j) - v_k\sin(\theta_{AB} - \alpha_k)\} = U_{AB}n_{AB} \end{aligned} \tag{4.4}$$

式中，n_{AB} 为非连续面法向相对位移；U_{AB} 为作用在非连续面 AB 的孔隙水压力。正如预期的一样，孔隙水压力仅对剪胀材料的塑性分析有影响。

因此，孔隙水压力在 DLO 法构造形式中仅简单增加功方程额外项 U_in_i。

其中，U_i为非连续面作用力。对于给定的孔隙水压力作用域，无论涉及静水压力条件还是渗流条件，直接的做法都是沿非连续面集合孔隙水压力形成最终作用力。因此，方程(4.1)变为

$$E=\sum_{i=1}^{m}(c_i l_i s_i + U_i n_i)+\sum_{j=1}^{b}\gamma_j A_j v_{zj} \tag{4.5}$$

式中，对于满足 Mohr-Coulomb 屈服准则的土体，$n_i = |s_i|\tan\varphi_i$。

孔隙水压力可表示为

$$U = r_{\mathrm{u}}\gamma z \tag{4.6}$$

式中，r_{u}为孔隙水压力系数；γ为土体重度；z为滑移面到边坡的垂直距离。

4.1.2 安全系数

边坡安全系数(factor of safety，FOS)的定义形式多样，结合 DLO 法的数值构造形式，本书采用强度折减法来确定边坡安全系数。通过迭代折减土体的强度参数 c 和 φ 使土体达到极限平衡状态。在此，安全系数与普遍使用的极限平衡法中的定义一致，即

$$c_{\mathrm{e}}' = \frac{c}{\mathrm{FOS}} \tag{4.7a}$$

$$\tan\varphi_{\mathrm{e}}' = \frac{\tan\varphi}{\mathrm{FOS}} \tag{4.7b}$$

因此，仍可以确保以线性规划方法应对含有折减参数 c_{e}' 和 φ_{e}' 的流动法则和虚功率方程等约束条件。

传统的极限分析上限定理表述外力功率与机动容许速度场的塑性耗散内力功率之比不小于实际破坏荷载。对边坡稳定性分析而言，通过虚功率方程获得的安全系数大于或等于真值。因此，根据线性规划，边坡的极限分析上限最终表征为目标函数为安全系数的最小值问题。

4.2 土质边坡稳定性分析

1987 年，澳大利亚计算机应用协会(ACADS)对澳大利亚所使用的边坡稳定性分析程序进行了一次调查。此次调查设计的考核题共五道，总计十个小题，

该调查由 Monash 大学的 Donald 教授和 Giam 博士主持，邀请了 120 家单位，其中 28 家单位反馈了计算结果。Donald 教授还邀请了国际上在边坡稳定性分析程序方面做过较多工作的研究者提供裁判程序(reference program)答案。相关的调查结果于 1989 年 4 月 19 日在澳大利亚岩土工程协会维多利亚分会的月会上公布，后正式发表(Donald and Giam，1992)。由于调查工作规模较大，成果可靠性较高，而且同类型的工作较为鲜见。本节以相关考题为例进行校核和比对，验证 DLO 程序的有效性和准确性。

本书的案例计算均在 2.67GHz Intel Core i7 处理器、4GB 内存和 32 位 Windows XP 系统笔记本电脑上完成。所引用的 CPU 耗时包括所有节点连接和建立、求解线性方程的时间。当采用自适应节点连接方案时，CPU 耗时也包括鉴别潜在非连续面进入下一步迭代计算的时间。

4.2.1 存在软弱层不排水黏土边坡

Griffiths 和 Lane(1999)首次采用有限元对不排水黏土边坡稳定性进行分析。该边坡由一层薄的软弱层组成，软弱层先平行于坡面然后水平至坡脚。软弱层的存在影响边坡的稳定性，在本例中采用不同的 c_{u2}/c_{u1} 值。

边坡模型的几何尺寸和节点密度如图 4.2 所示。边坡的高度为 10m，边坡水平倾角为 26.57°(H:V(水平与高度之比)=2:1)。土体的强度参数见表 4.1。边坡稳定性分析中不排水剪切强度 c_{u1} 恒定，而调整软弱层 c_{u2} 值和 c_{u2}/c_{u1} 值(1.0、0.8、0.6、0.4 和 0.2)。不同 c_{u2}/c_{u1} 值的边坡 DLO 和有限元计算破坏模式如图 4.3 所示。边坡稳定性分析中分别使用三种不同节点密度(或节点目标数分别为 250(粗)、500(中)和 1000(细))。表 4.2 列出了三种不同节点密度及潜在连接线下的计算结果统计数据。离散节点数量可以通过节点密度设置来实现。一般建议在初始计算时采用粗或中等密度模式以便快速获得数值解；对于最终准确解的确定，可以采用细节点密度来实现。

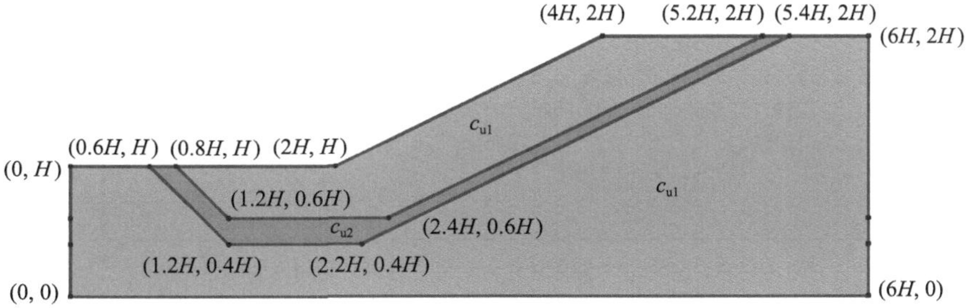

(a) 边坡几何模型

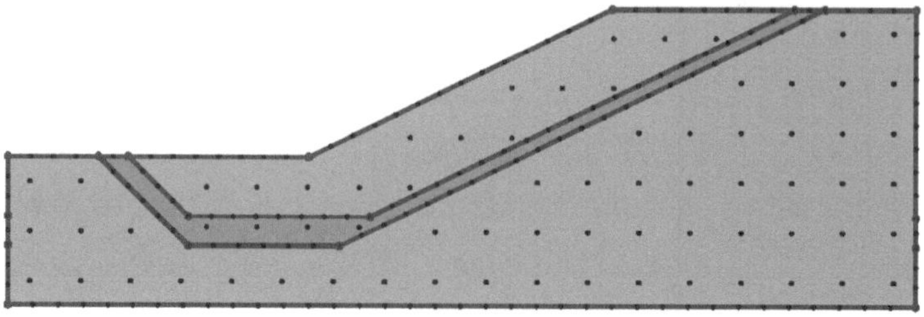

(b) 粗节点密度(节点目标数为250)

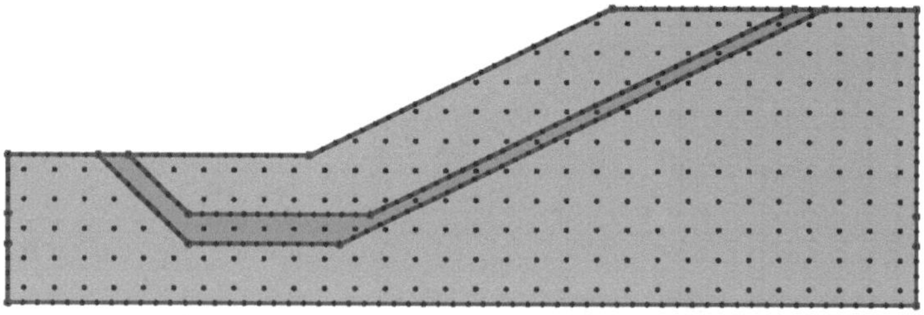

(c) 中节点密度(节点目标数为500)

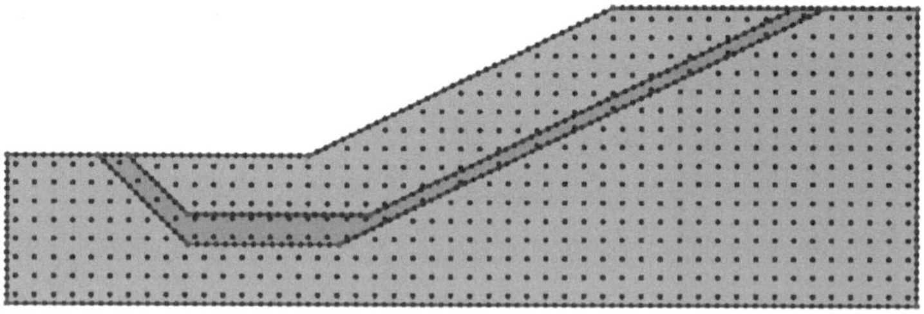

(d) 细节点密度(节点目标数为1000)

图 4.2　存在软弱层不排水黏土边坡的几何尺寸和节点密度示意图

表 4.1　存在软弱层不排水黏土边坡的材料强度参数

c_{u1}/(kN/m^2)	γ/(kN/m^3)	c_{u2}/(kN/m^2) (c_{u2}/c_{u1}=0.6)	c_{u2}/(kN/m^2) (c_{u2}/c_{u1}=0.4)	c_{u2}/(kN/m^2) (c_{u2}/c_{u1}=0.2)
50	20.0	30	20	10

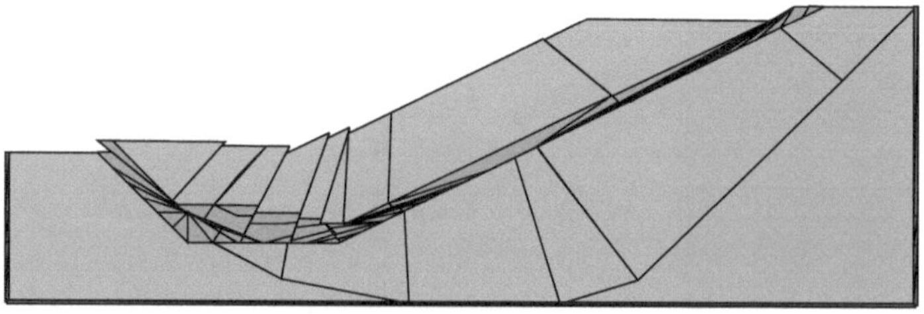

(a) DLO粗节点密度计算破坏模式(节点目标数为250，c_{u2}/c_{u1}=0.6)

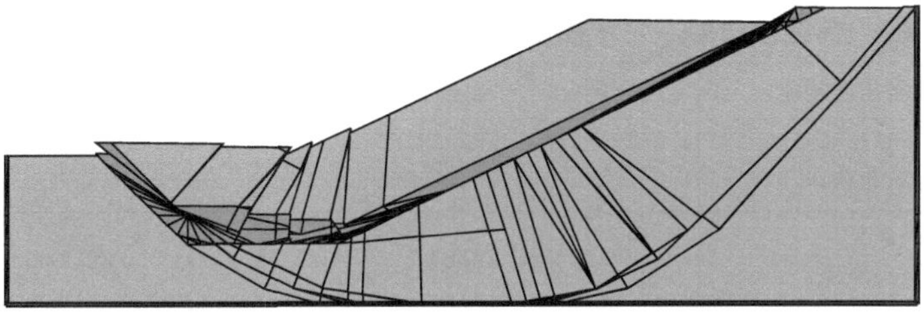

(b) DLO中节点密度计算破坏模式(节点目标数为500，c_{u2}/c_{u1}=0.6)

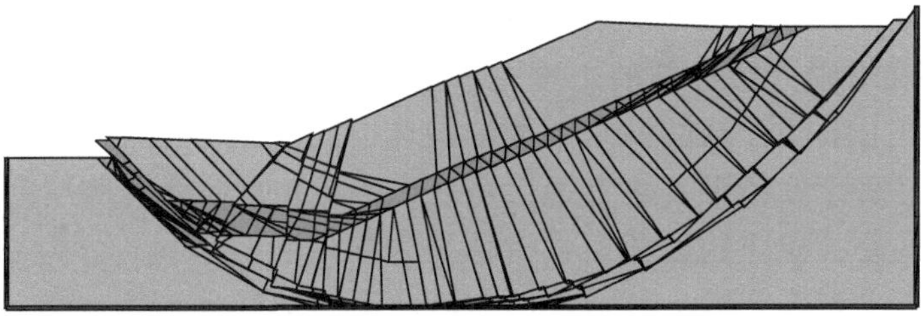

(c) DLO细节点密度计算破坏模式(节点目标数为1000，c_{u2}/c_{u1}=0.6)

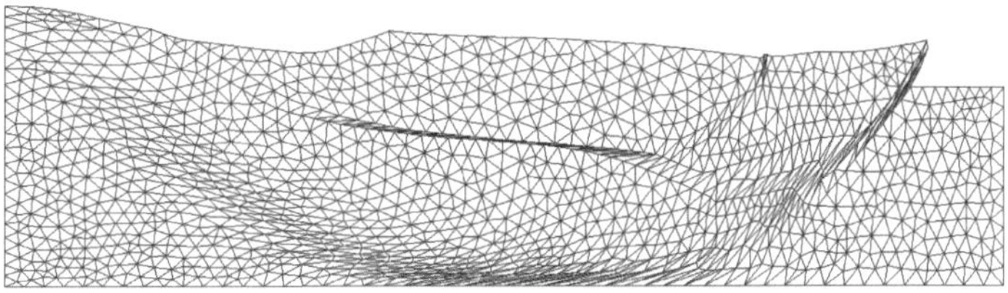

(d) 有限元法计算破坏模式(c_{u2}/c_{u1}=0.6)

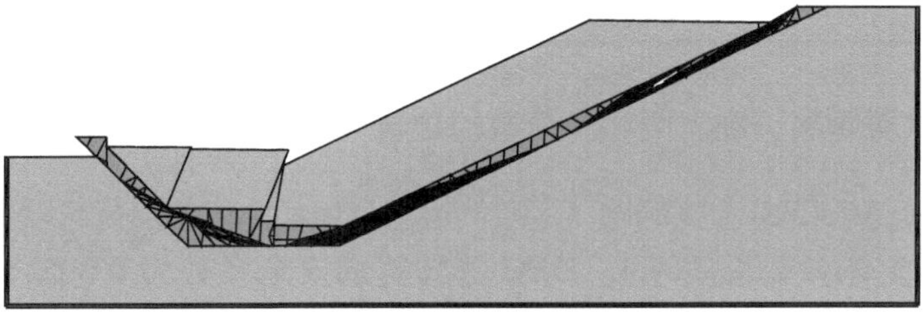

(e) DLO法计算破坏模式(c_{u2}/c_{u1}=0.2)

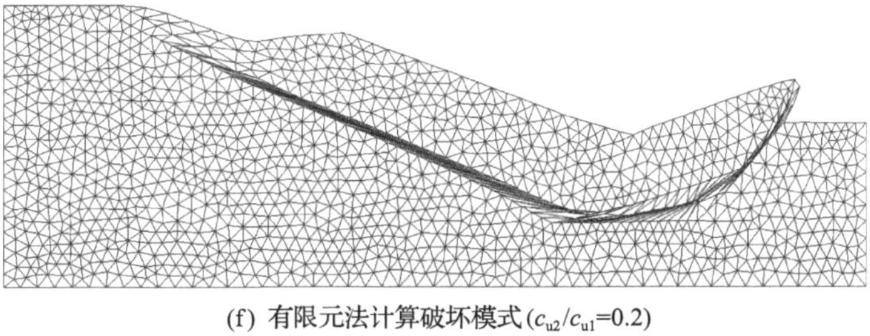

(f) 有限元法计算破坏模式(c_{u2}/c_{u1}=0.2)

图 4.3　存在软弱层不排水黏土边坡 DLO 法计算破坏模式

表 4.2　存在软弱层不排水黏土边坡 DLO 法计算结果统计(c_{u2}/c_{u1}=0.6)

节点密度及潜在连接线	迭代步	变量	约束	耗时/s	安全系数
234 个节点 9774 组连接线	6	6888	3568	4.031	1.397
484 个节点 39981 组连接线	9	14567	7234	16.219	1.388
967 个节点 147940 组连接线	9	29941	14344	38.288	1.379

DLO 法和有限元法计算的边坡安全系数见表 4.3。不同 c_{u2}/c_{u1} 情况下采用数值极限分析上限法计算的安全系数和破坏模式与 Morgenstern-Price 法非常接近或相似。根据计算结果不难发现，当 $c_{u2}/c_{u1}>0.6$ 时，软弱薄层的强度不影响边坡的安全系数，相应的破坏模式滑移面为圆弧形。当 c_{u2}/c_{u1} 为 0.2～0.4 时，边坡的破坏模式为非圆形，其滑移面与软弱薄层的几何形态一致。

表 4.3　存在软弱层不排水黏土边坡计算安全系数对比

c_{u2}/c_{u1}	安全系数		
	Morgenstern-Price 法	有限元法	DLO 法
1.0	1.448	1.451	1.519
0.8	1.446	1.424	1.475
0.6	1.400	1.366	1.388
0.4	0.902	0.954	0.9823
0.2	0.451	0.505	0.5599

4.2.2　存在软弱薄层、浸润面和外荷载的边坡

本案例为 ACADS 考核例题 4。案例边坡几何尺寸、外加荷载以及浸润面如图 4.4(a)所示。土体参数见表 4.4。DLO 法计算的安全系数为 0.807，与之相应的破坏模式如图 4.4(b)～(d)所示。不同的节点密度和计算统计结果详见表 4.5。

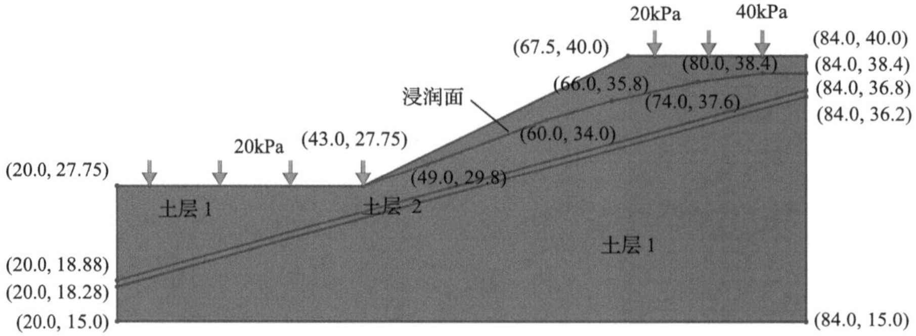

(a) 边坡几何示意图(单位：m)

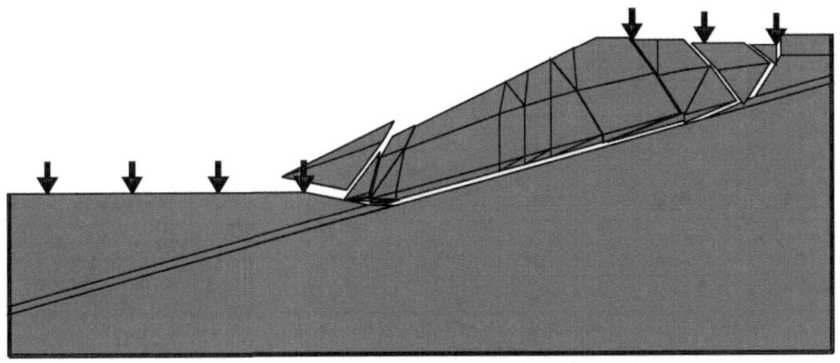

(b) 粗节点密度计算破坏模式

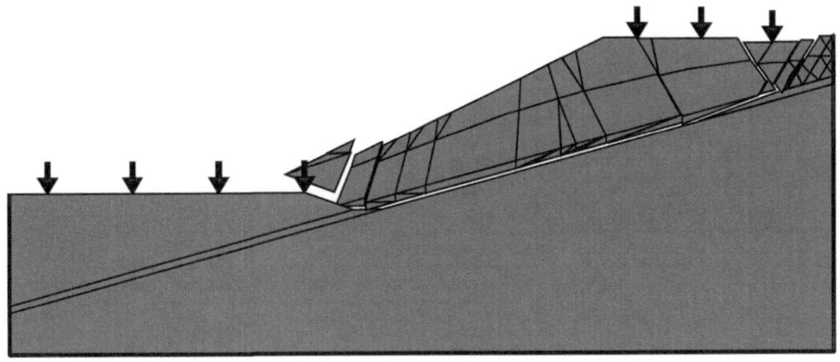

(c) 中节点密度计算破坏模式

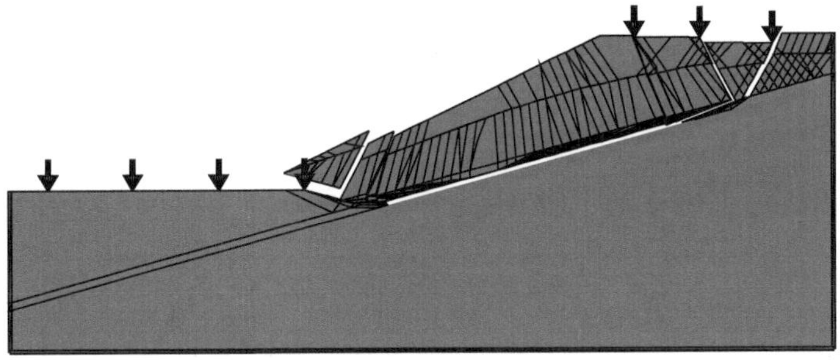

(d) 细节点密度计算破坏模式

图 4.4　存在软弱薄层、浸润面和外荷载的边坡几何尺寸和破坏模式

表 4.4　存在软弱薄层、浸润面和外荷载的边坡土体参数

类型	黏聚力 c/kPa	内摩擦角 φ/(°)	重度 γ/(kN/m^3)
土层 1	28.5	20.0	18.84
土层 2	0.0	10.0	18.84

表 4.5　存在软弱薄层、浸润面和外荷载的边坡计算参数统计表

节点密度及潜在连接线	迭代步	变量	约束	耗时/s	安全系数
229 个节点 9496 组连接线	8	15600	8721	9.406	0.830

续表

节点密度及潜在连接线	迭代步	变量	约束	耗时/s	安全系数
476 个节点 39740 组连接线	9	33334	18476	27.844	0.807
953 个节点 148993 组连接线	14	64795	35853	147.750	0.804

Donald 和 Giam(1992)、Baker(1980)及其他研究人员(Dawson et al., 1999; Duncan, 1996)也对该 ACADS 考题中 600mm 厚的软弱层进行了详细研究，推荐最小安全系数为 0.78。本节获得安全系数为 0.807，大于推荐最小安全系数。基于极限平衡法和有限元法不同方法获得的安全系数对比见表 4.6。本案例稳定性分析的最大难点在于软弱带的出现及其厚度。如果软弱带相对小，临界滑移面的搜索中很难避免常规极限平衡方法局部最小化的不足。而且，坡顶右侧的滑移线与边界条件区域重合，因此获得的最优解未必为最小值。这些均为确定临界滑移面带来一定的困难。另外，由于坡顶为梯形荷载，本节方法仅能采用均布荷载(和集中荷载)实现，也使最终结果产生一定的误差。

表 4.6 存在软弱薄层、浸润面和外荷载的边坡计算安全系数对比

计算方法	方法	安全系数
DLO 法	滑移	0.807
Cheng(2003)	Slope 2000	0.688
Slide	Spencer 法(Monte Carlo 法)	0.760
	通用极限平衡法(general limit equilibrium, GLE)	0.721
	Janbu 修正法	0.734
Phase2	剪切强度折减有限元法 (shear strength reduction of finite element method, FEM-SSR)	0.690

4.2.3 存在软弱层的非均质边坡

边坡几何示意图、土层剖面、材料参数分别如图 4.5 和表 4.7 所示。由图 4.5 可知，相对软弱层位于土层中间。三种不同节点密度情况下的数值解汇总于表 4.8。比较极限平衡法和有限元等不同方法的计算结果(表 4.9)，不难发现 DLO 法特别适合求解非均质边坡的稳定问题。表 4.9 中安全系数的比较也侧面说明 DLO 法与之前的研究结果趋于一致。

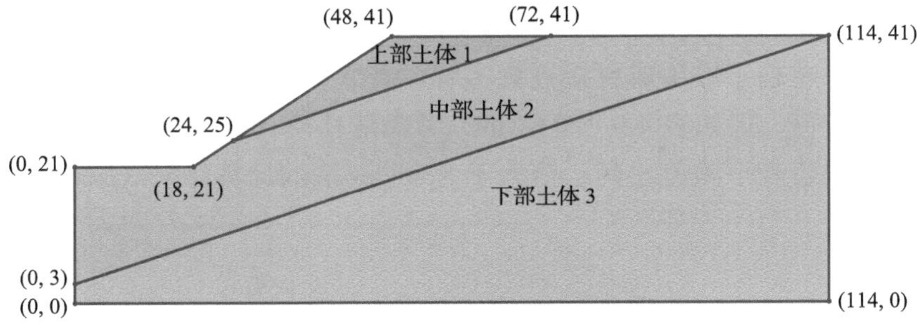

图 4.5　存在软弱层的非均质边坡的几何示意图(单位：m)

表 4.7　存在软弱层的非均质边坡土体参数

土体	黏聚力 c/kPa	内摩擦角 φ/(°)	重度 γ/(kN/m^3)
上部土体	29.4	12	18.8
中部土体	9.8	5	18.8
下部土体	29.4	40	18.8

表 4.8　存在软弱层的非均质边坡不同节点计算参数统计表

节点密度及潜在连接线	迭代步	变量	约束	耗时/s	安全系数
246 个节点 14147 组连接线	17	17467	9630	22.657	0.4491
499 个节点 53756 组连接线	16	35257	19373	57.188	0.4462
969 个节点 186111 组连接线	21	62926	34747	179.172	0.4390

表 4.9　存在软弱层的非均质边坡计算安全系数的对比

作者	方法	安全系数
DLO 法	平动	0.4462
Liu 和 Zhao(2013b)	平动	0.547
Greco(1996)	Spencer 法(Monte Carlo 法)	0.39
Greco(1996)	Spencer 法(pattern search method)	0.39
Kim 等(2002)	Bishop 法	0.43
Kim 等(2002)	下限有限元法	0.40
Kim 等(2002)	上限有限元法	0.45

边坡破坏模式的非连续面临界布局如图 4.6 所示。边坡研究区域分别采用节点目标数为 250、500、1000 的三种不同节点密度进行离散。采用 DLO 法进

行安全系数分析，见表 4.8，计算结果与节点细分的趋势一致：节点密度越大，安全系数结果越趋于准确或更接近真实解。当节点数量足够多时，得到的安全系数趋于一定值。正如表 4.9 所汇总的，考虑滑移模式的安全系数介于 Kim 等(2002)的上限值和下限值之间，但大于 Spencer 法的计算结果(Greco，1996)。

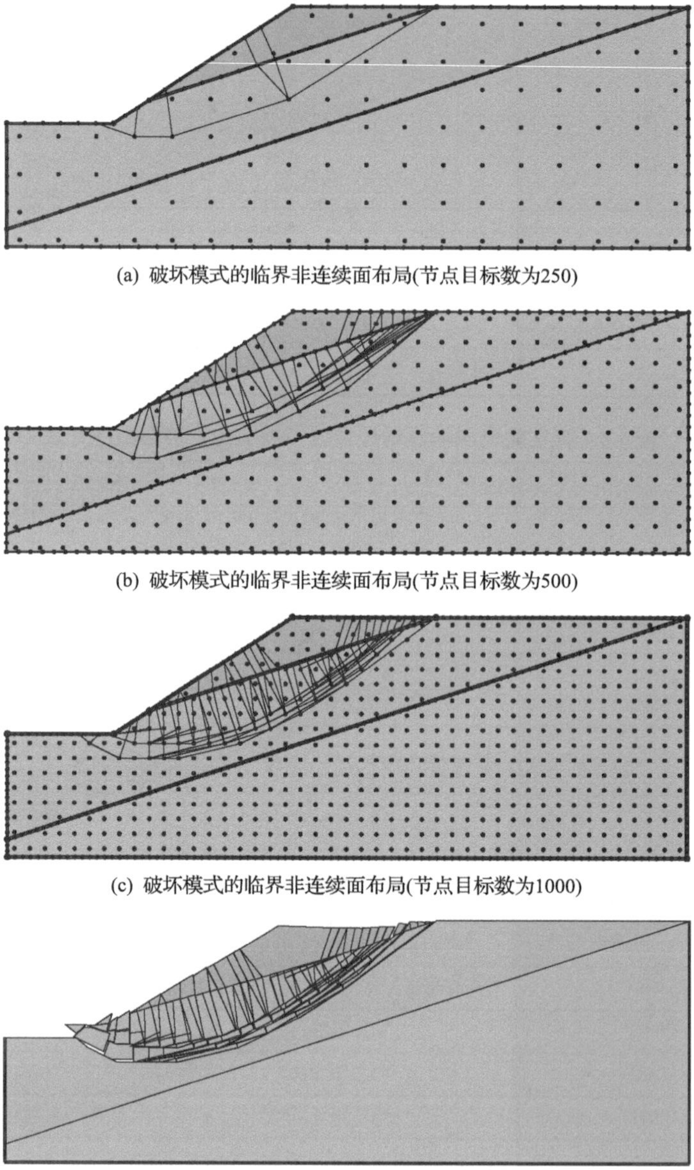

(a) 破坏模式的临界非连续面布局(节点目标数为250)

(b) 破坏模式的临界非连续面布局(节点目标数为500)

(c) 破坏模式的临界非连续面布局(节点目标数为1000)

(d) 破坏模式(节点目标数为1000)

图 4.6　存在软弱层的非均质边坡临界非连续面布局及破坏模式

图 4.6(d)进一步呈现 DLO 法获得机动容许速度场的破坏模式。正如图 4.6 所示，临界非连续面定位在软弱土层中，并不是圆弧形滑移面。本节获得的临界非连续面与 Malkawi 法(Malkawi et al., 2001)的求解结果相类似，其安全系数为 0.401。仔细比对滑移面的形状，发现很大一部分滑移面穿过第一层土体。如果滑移面完全穿越第二层土体，那么其安全系数会更小。Cheng 等(2007)曾提及滑移面可以完全穿越软弱层的右侧端部。由于 DLO 法在全域进行滑移面的搜索，上述的滑移面模式仅是一种人为的设想或期望。

这些案例验证了 DLO 法的有效性和便利性。在 DLO 法中，不需要预先指定临界滑移面或滑移面出入口限界。可同时得到确定的破坏模式和安全系数，其可视化程度远胜于常规的有限元法和极限平衡法。尤其是随着边坡复杂程度的增加，DLO 法的优越性越发显著。

4.3　岩质边坡稳定性分析

岩质边坡是一个由完整岩石和不连续结构面组成的复杂地质体，其稳定性分析一直是岩石力学及地质工程领域的重要研究内容之一。岩石本身是一种强度指标很高的坚硬材料，对于其力学特性，可采用类似金属、混凝土等结构的分析方法。但是岩体又受众多结构面的切割，使其在宏观上呈现一定的松散介质特性。对于接近整体结构的岩质边坡，宜使用分析应力-应变特征的有限元和其他非连续介质方法；对于风化、破碎的岩体，则可采用类似土质边坡稳定分析的极限平衡法。

由于岩质边坡的稳定性分析并未出现类似土质边坡稳定性分析的 ACADS 考题及基准答案的情况，本节先以类似岩石块体的砌体结构稳定性进行准确性校核和验证，然后以岩石边坡的稳定性为例进行模拟计算，以说明 DLO 法的功能多样性。

4.3.1　受面内水平荷载作用的砌体墙

采用 DLO 法分析 Ferris 和 Tin-Loi(2001)提出的 6 个砌体墙结构的稳定问题(地震作用荷载系数)。每个问题均为底座固定、顶部自由的墙体，并受面内水平力作用。这些模型均采用以下假设：①结构由刚性块体组成；②砌缝以接触单元的形式进行模拟。每个完整砌块尺寸为 4×1.75 单位，其砌缝摩擦系数($\tan\varphi$)为 0.65。

采用相关联摩擦解法的砌体墙稳定问题分析如图 4.7 和表 4.10 所示。为简单起见，采用典型的相关联流动法则，而非较为复杂的非相关联流动法则来比较 Ferris 和 Tin-Loi 的计算结果。从表 4.10 可知，6 个事例的破坏荷载系数 λ 与 Gilbert 等(2006)采用刚性块体进行分析的结果基本一致，Gilbert 等的刚性块体方法可以考虑块体的滑动和转动模式。另外，从图 4.7 中可以看出，所有的破坏模式与 Gilbert 等的计算结果基本相同。以第 6 个事例为例，采用粗节点(节点密度为 303)离散进行优化计算的荷载系数为 0.3478，也可以采用节点密度为 900 进行离散，破坏模式略微有些差异，但最终的荷载系数仍为 0.3478，

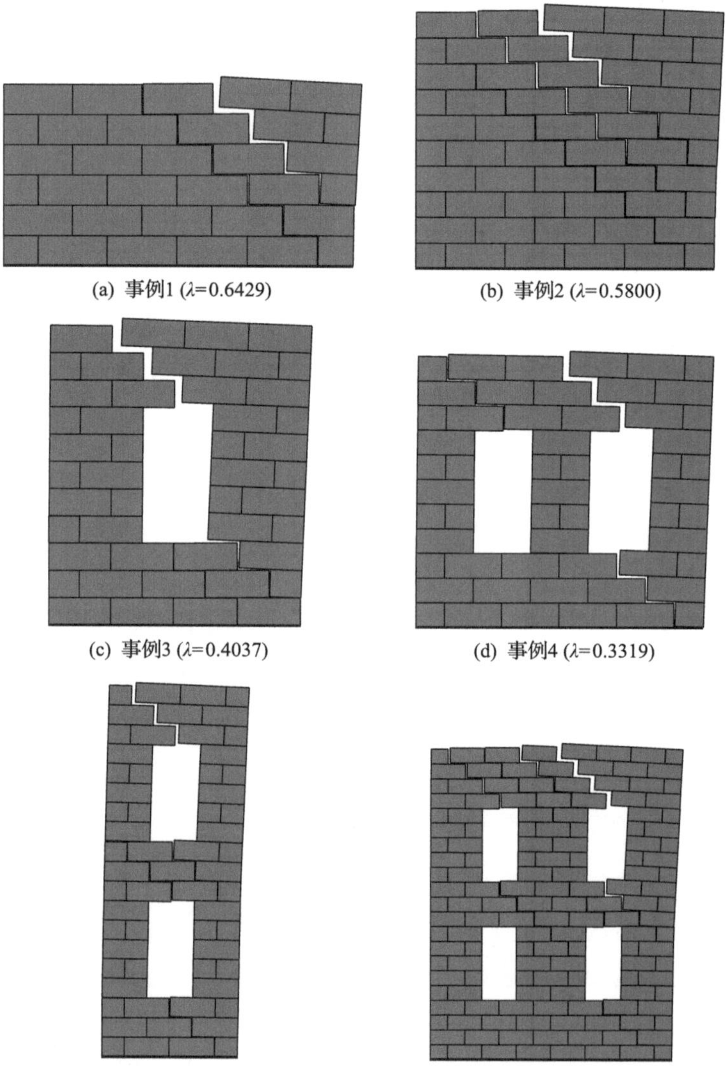

(a) 事例1 (λ=0.6429)　(b) 事例2 (λ=0.5800)

(c) 事例3 (λ=0.4037)　(d) 事例4 (λ=0.3319)

(e) 事例5 (λ=0.2396)　(f) 事例6 (λ=0.3478)

(g) 粗节点和细节点密度示意图

图 4.7　相关联流动法则下砌体墙稳定问题分析

(a)～(f) 破坏模式

表 4.10　Ferris 和 Tin-Loi 提出的砌体墙结构稳定性分析计算汇总

<table>
<tr><th>事例</th><th>节点密度及潜在连接线</th><th>迭代步</th><th>变量</th><th>约束</th><th>耗时/s</th><th>荷载系数</th><th>Gilbert 等(2006)计算的荷载系数</th></tr>
<tr><td>1</td><td>215 个节点
698 组连接线</td><td>1</td><td>3151</td><td>2789</td><td>0.094</td><td>0.6429</td><td>0.64286</td></tr>
<tr><td>2</td><td>116 个节点
475 组连接线</td><td>1</td><td>2230</td><td>1865</td><td>0.078</td><td>0.5800</td><td>0.58000</td></tr>
<tr><td>3</td><td>210 个节点
708 组连接线</td><td>1</td><td>3181</td><td>2765</td><td>0.125</td><td>0.4037</td><td>0.40369</td></tr>
<tr><td>4</td><td>236 个节点
804 组连接线</td><td>1</td><td>3589</td><td>3125</td><td>0.094</td><td>0.3319</td><td>0.33195</td></tr>
<tr><td>5</td><td>218 个节点
760 组连接线</td><td>1</td><td>3377</td><td>2915</td><td>0.094</td><td>0.2396</td><td>0.23964</td></tr>
<tr><td rowspan="2">6</td><td>303 个节点
1241 组连接线</td><td>1</td><td>5714</td><td>4766</td><td>0.172</td><td>0.3478</td><td rowspan="2">0.34782</td></tr>
<tr><td>900 个节点
3004 组连接线</td><td>1</td><td>13391</td><td>11846</td><td>0.344</td><td>0.3478</td></tr>
</table>

没有任何改变。这意味着该问题对节点密度的数量并不敏感，或者说，节点细化程度不影响荷载系数。

4.3.2　一组节理岩质边坡

由于岩质边坡的稳定性分析没有类似 ACADS 的调查案例为基准，本节以一组节理边坡的稳定性分析为例，该案例在赵尚毅等(2003)和郑颖人等(2003)的相关文献中出现。上述文献部分几何参数并不完整，本节岩质边坡的详细几何参数如图 4.8 所示。平行节理倾角为 40°，间距为 10m。岩体和节理材料参数详见表 4.11。边坡稳定性采用平面应变问题进行分析求解。

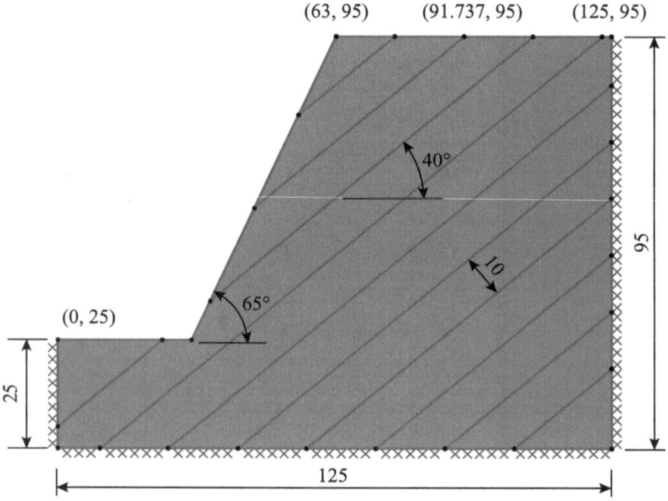

图 4.8　一组节理岩质边坡几何示意图(单位：m)

表 4.11　岩体和节理材料参数表

材料	重度 γ/(kN/m^3)	黏聚力 c/kPa	内摩擦角 φ/(°)
岩体	25	1000	38
节理	17	120	24

边坡离散节点布置和参数分别如图 4.9 和表 4.11 所示。采用三种不同的节点目标数进行分析。需要指出的是，节点密度实际是目标数目而非实际设置值，该参数与问题的研究区域和构造(节理、软弱面、边界条件等)形式密切相关。

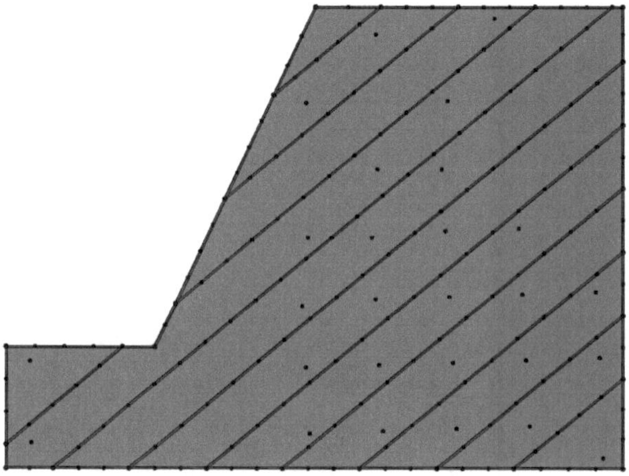

(a) 节点目标数250

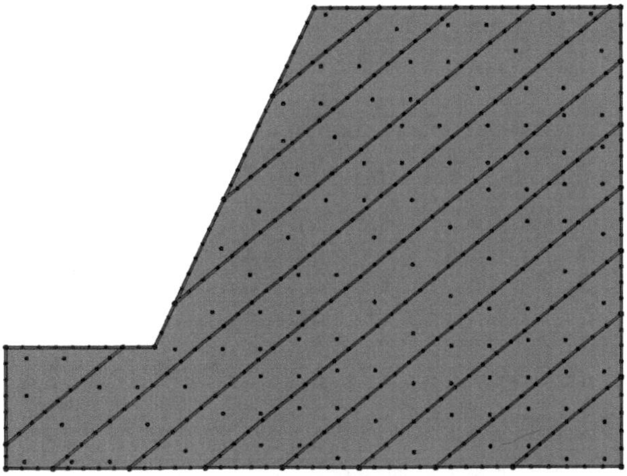

(b) 节点目标数500

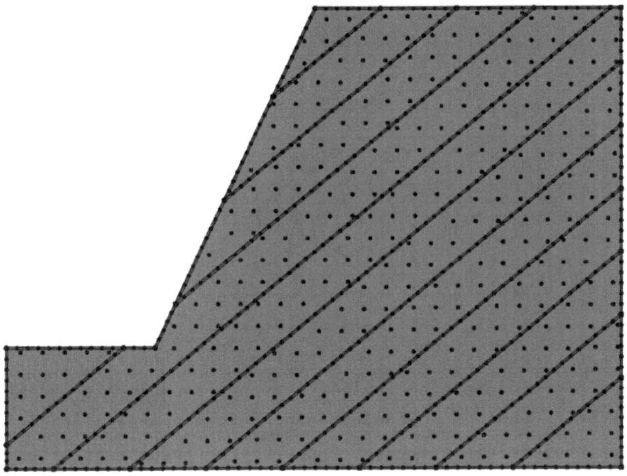

(c) 节点目标数1000

图 4.9　一组节理岩质边坡三种不同节点密度离散分布示意图

如图 4.10 所示，边坡达到极限平衡状态时，沿着第三组节理面滑移产生失稳破坏。DLO 法暂时只考虑相关联流动法则，在块体相互滑动的同时，始终伴随着一个分离速度，这是理想塑性材料与库仑摩擦滑动的根本区别。因此，从图 4.10 不难发现，滑动块体之间的分离始终伴随着滑移。这也是 DLO 法可视化有别于其他方法的优势，如有限元法的后处理往往出现网格的畸变，与初始的微小变形相差甚远。对 DLO 法而言，相关联流动法则的使用可以保证线性规划的本质不发生改变。事实上，Drucker(1954)早已指出，采用相关联流动法则或摩擦锯齿模型，会使获得的安全系数趋于不保守。同时，从表 4.12 可以发现，节理边坡的安全系数(FOS=1.055)与强度折减法和无网格方法计算的结果相近，且不受节点细分程度的影响。

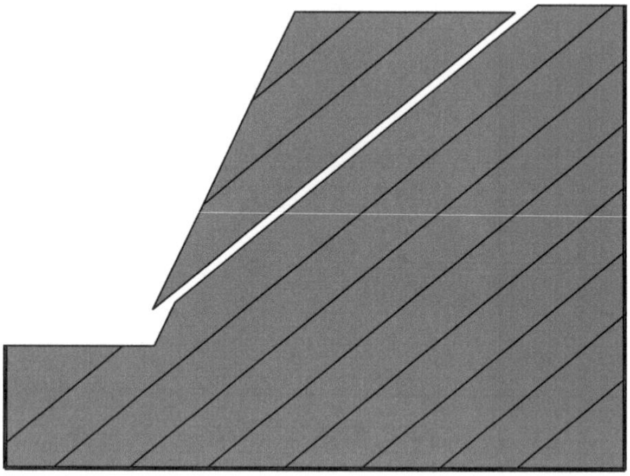

图 4.10 一组节理岩质边坡临界滑移破坏模式

表 4.12 一组节理岩质边坡计算情况统计

节点密度及潜在连接线	迭代步	变量	约束	耗时/s	安全系数
249 个节点 5740 组连接线	8	15299	8650	7.265	1.055
499 个节点 20943 组连接线	8	33596	18718	12.610	1.055
924 个节点 64806 组连接线	10	63797	35318	50.656	1.055

4.3.3 三组节理岩质边坡

本案例较 4.3.2 节边坡在结构组成上更复杂些，存在三组节理构造，具体节理分布如图 4.11 所示。边坡结构特征和岩体材料特性详见表 4.13。表 4.14 为 DLO 法计算结果和不同节点密度数值信息。本案例仍采用平面应变条件进行分析求解。

由图 4.11 可知，边坡左右及底端边界均固定。采用 Mohr-Coulomb 屈服准则进行 DLO 法模拟，节点目标数分别为 250、500、1000、2000、3000、4000、5000 等不同形式(节点目标数为 2000 的情况如图 4.12 所示)。由计算结果和相应的破坏模式可以看出，结构面或节理构造在稳定性分析中的作用十分显著。

与前面的案例不同，本案例边坡的稳定分析受节点数量或节点密度的影响较大，也更为复杂。对于图 4.13 和图 4.14 的破坏模式，滑移破坏成为边坡破坏的主要形式之一。从图 4.13 中可以发现，边坡滑移破坏的同时，也存在节理

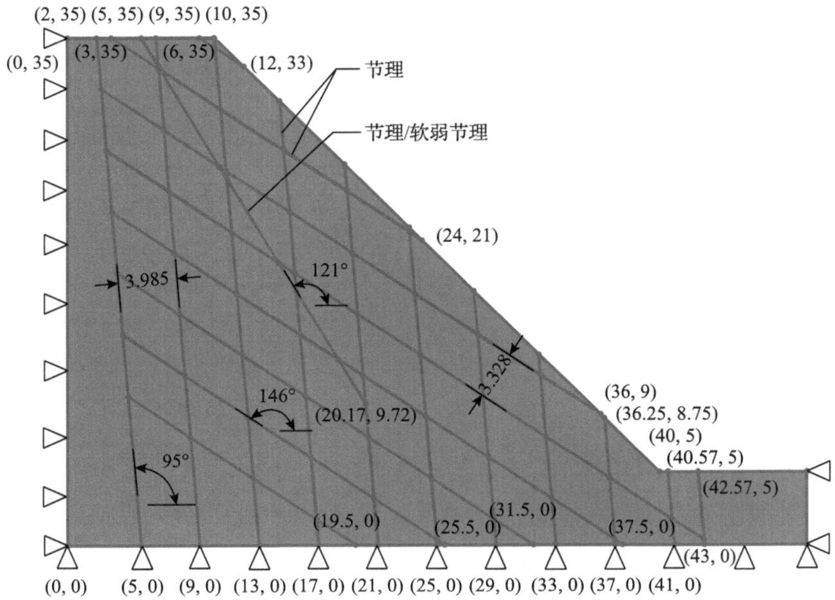

图 4.11　三组节理岩质边坡几何尺寸和数值模型(单位：m)

表 4.13　三组节理岩质边坡材料参数

类型	黏聚力 c/kPa	内摩擦角 φ/(°)	重度 γ/(kN/m^3)
岩石	500	45.0	24
节理*	250	26.6	24
软弱节理*	50	5.7	24

*满足张拉截断 Mohr-Coulomb 屈服准则。

表 4.14　无软弱节理的三组节理岩质边坡计算情况统计

节点密度及潜在连接线	迭代步	变量	约束	耗时/s	安全系数
165 个节点 1235 组连接线	11	5979	3740	7.766	4.286
384 个节点 4514 组连接线	11	18580	10748	12.234	4.286
867 个节点 17843 组连接线	11	62054	33918	28.687	4.278
1836 个节点 71411 组连接线	13	156104	83746	138.922	4.259
2817 个节点 155780 组连接线	17	215164	115954	356.64	4.256

续表

节点密度及潜在连接线	迭代步	变量	约束	耗时/s	安全系数
3650 个节点 253442 组连接线	18	260304	140760	480.891	4.253
4677 个节点 394776 组连接线	18	321574	174048	754.672	4.250
5552 个节点 536706 组连接线	20	366510	198730	1033.562	4.249

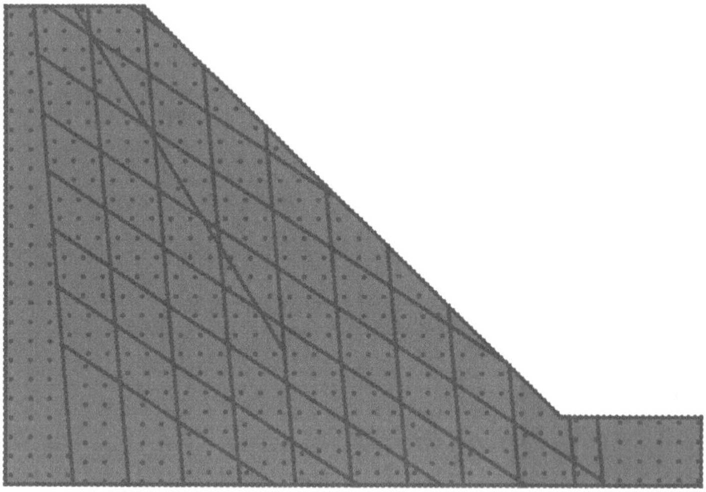

图 4.12　离散节点布置示意图(节点目标数为 2000)

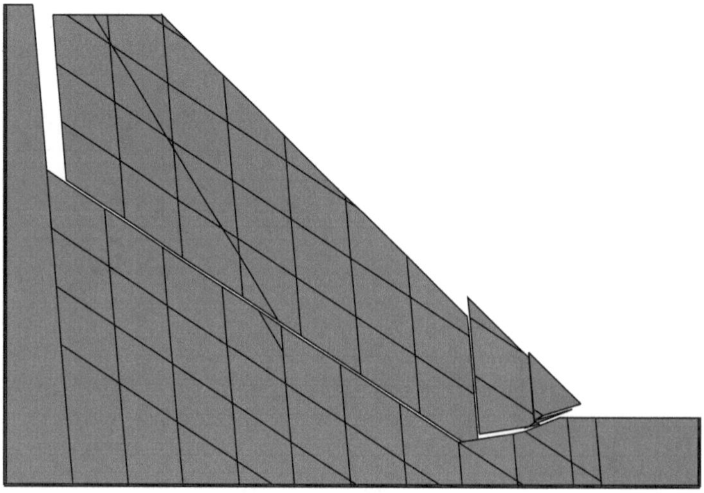

图 4.13　无软弱节理岩质边坡破坏模式

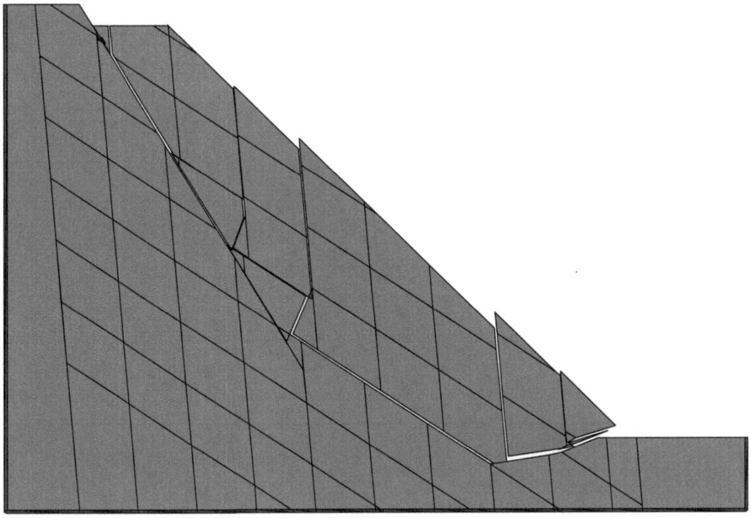

图 4.14　有软弱节理岩质边坡破坏模式

剪胀特性的分离趋势。在存在软弱节理岩质边坡破坏中，分离趋势不明显，但是滑动岩体中出现了块体的受剪破坏(图 4.14)。就 DLO 法的功能而言，对于岩质边坡的弧形滑动、平面滑动、节理破坏等类型均能进行分析，但对于以转动为主的倾倒破坏类型 DLO 法暂时难以胜任。

图 4.15 所示为岩质边坡的 DLO 法计算结果与离散节点数量及优化变量的关系示意图。对于复杂结构面的岩质边坡，离散节点数量因结构面的复杂性而增加，一般节点目标数达到 2000，即采用细节点密度才能获得精确解。从图中

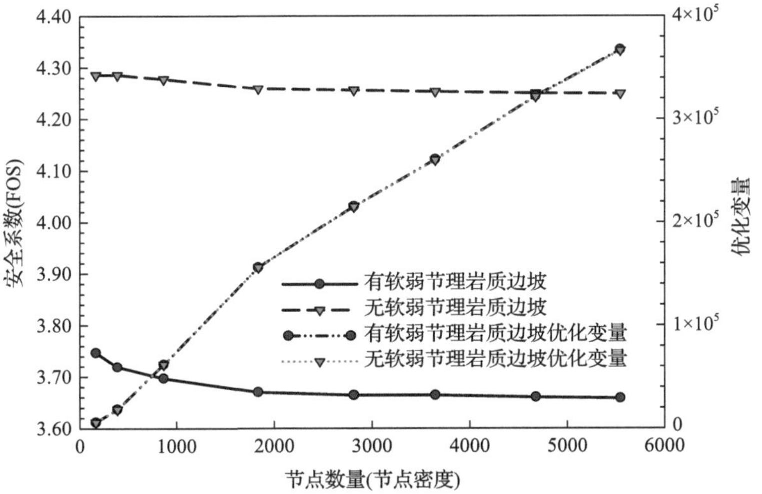

图 4.15　离散节点数量与安全系数及优化变量的关系示意图

可以看出，优化变量与离散节点数量呈线性关系。对于线性优化问题涉及的变量，本案例两种情形可以达到数十万量级，整体差别不大，但通过优化，求解的耗时均可以秒计，见表 4.15。这充分例证 DLO 法求解运算能力的强大和适用性。

表 4.15　有软弱节理岩质边坡稳定性分析计算统计

节点密度及潜在连接线	迭代步	变量	约束	耗时/s	安全系数
165 个节点 1235 组连接线	11	5979	3740	4.422	3.747
384 个节点 4514 组连接线	11	18580	10748	8.875	3.719
867 个节点 17843 组连接线	11	62054	33918	27.672	3.697
1836 个节点 71411 组连接线	16	156120	83754	178.406	3.670
2817 个节点 155780 组连接线	19	215396	116070	432.407	3.664
3650 个节点 253442 组连接线	20	260796	141006	557.688	3.664
4677 个节点 394776 组连接线	21	322178	174350	851.328	3.660
5552 个节点 536706 组连接线	21	367226	199088	1075.781	3.658

岩质边坡通常因地质结构切割成不同的块体，而块体排列形式多样。本案例的分析表明，岩体由软弱结构面切割而成，其运动通常由结构面的构造来确定，尤其是连续和直线型结构面。岩体的力学特性通常由直线和连续的结构面控制，特别是软弱结构面。岩土的破坏模式往往沿着软弱结构面滑移产生破坏。这些特征在本案例的 DLO 法分析中得到淋漓尽致的体现。

4.3.4　外突悬崖

为例证 DLO 法的功能，本算例选择几何尺寸更为复杂的外突悬崖进行分析。悬崖的几何尺寸和数值模型如图 4.16 所示，材料参数见表 4.16。常规极限平衡分析方法难以处理这样复杂的几何边坡问题。一般情况下，进行简化处理忽视外凸几何部分，或采用平均值法进行边坡滑移和剪切阻力(shear resistance)的分析。表 4.17 为 DLO 法数值计算结果统计，包括离散节点及连接线数量、求解耗时及安全系数，最终悬崖边坡安全系数 FOS=1.364。

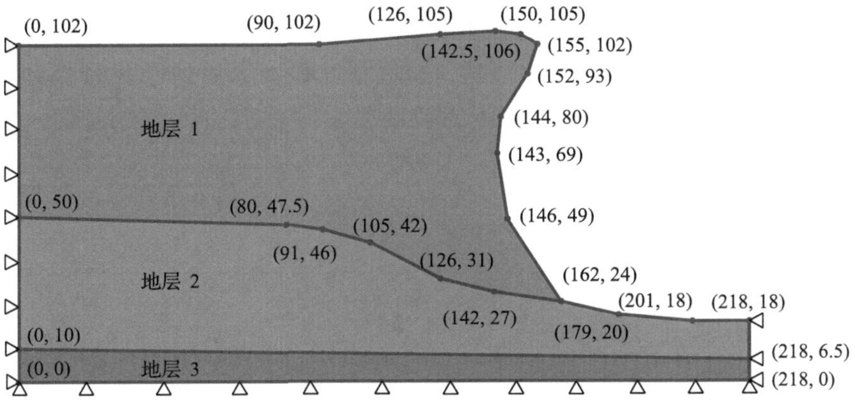

图 4.16　悬崖几何尺寸及数值模型(单位：m)

表 4.16　悬崖材料参数

类型	黏聚力 c/kPa	内摩擦角 φ/(°)	重度 γ/(kN/m^3)
地层 1	350	35.5	24
地层 2	120	28	21
地层 3	1000	45	25

表 4.17　悬崖 DLO 法数值计算结果统计

节点密度及潜在连接线	迭代步	变量	约束	耗时/s	安全系数
240 个节点 11249 组连接线	15	14059	7877	11.781	1.406
482 个节点 41681 组连接线	23	26005	14665	35.312	1.382
972 个节点 155397 组连接线	38	74240	40389	246.645	1.368
2008 个节点 577433 组连接线	42	124511	68832	586.703	1.364
3001 个节点 1155972 组连接线	47	216063	117732	989.013	1.361

图 4.17 所示为节点目标数为 1000 的离散节点布局图。不难发现，边界和接触面节点的密度大于边坡研究区域内的节点分布，本算例采用这种处理方法的优势在于可以极大化计算效率。因此，在边界和接触面采用节点密度大于常规区域内节点密度的策略，主要有以下两方面的考虑：①非连续面不能直接贯

穿区域边界(有节点处除外)；②增加边界处节点数量，以弥补非连续面不能贯穿的不足。此外，对于特定应用范畴，这一做法也有其特殊的优越性，尤其涉及土体-结构相互作用或考虑结构体的转动，后续章节将详细探讨这一做法的必要性。

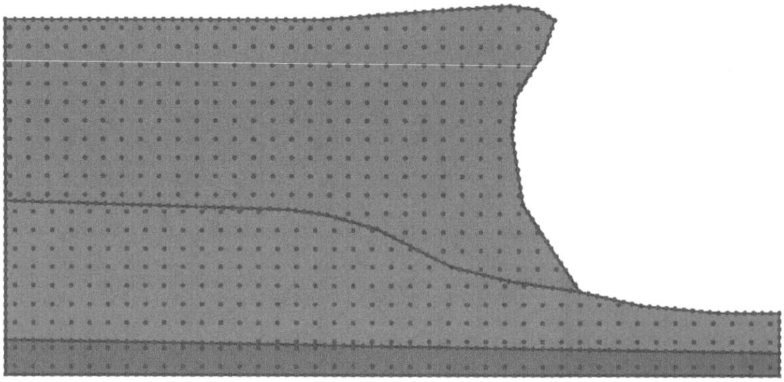

图 4.17 悬崖离散节点布局示意图(节点目标数为 1000)

图 4.18 所示为 DLO 法在节点数量为 482(中节点密度)的情况下计算的破坏模式和临界非连续面布局示意图。可以发现，滑移面或非连续面是通过节点间连接布局来实现的，非连续面或滑移面的复杂形式与节点密度密切相关。图 4.19 所示为安全系数为 1.364 的悬崖临界破坏模式，相应的节点数量为 2008 个。图 4.20 所示为安全系数为 1.361 的悬崖临界破坏模式，非连续面因节点密度增大而增加，破坏模式也更为复杂。就图 4.19 和图 4.20 的破坏模式而言，悬崖的破坏是滑移(平动)和分离(剪胀特性)的组合破坏模式；从滑动体的构造来看，其定位和排列与常规的竖直条分法差异较大，这也说明了采用斜条分法或 Sarma 法分析岩石边坡的必要之处。

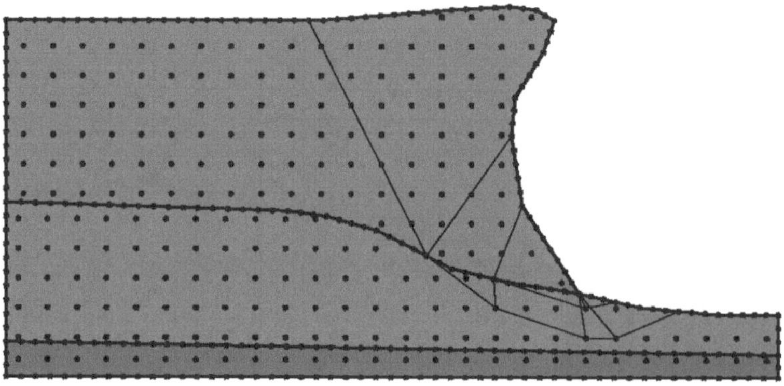

图 4.18 悬崖离散节点和临界非连续面布局(离散节点数量 482)

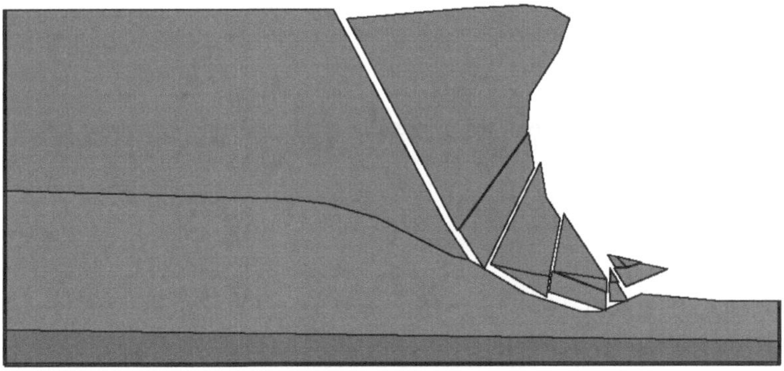

图 4.19　悬崖临界破坏模式(安全系数 FOS=1.364)

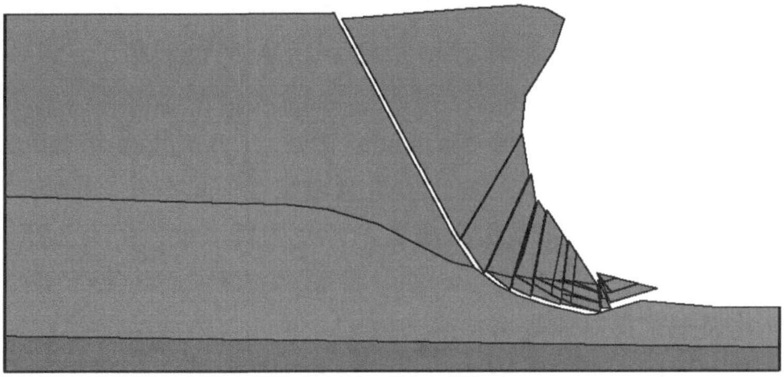

图 4.20　悬崖临界破坏模式(安全系数 FOS=1.361)

4.4　小　　结

DLO 法采用点阵进行离散，为分析边坡的稳定问题，考虑孔隙水压力的影响，并采用强度折减法的构造方式引入安全系数，从而实现边坡的稳定性分析。

本章分别对土质和岩质边坡的稳定问题进行了详细的研究和讨论，DLO 法对于涉及优化变量数十万级的边坡稳定问题均可以秒为单位进行优化求解，求解的安全系数与极限平衡法、有限元法以及无网格化方法(Liu and Zhao, 2013a)的求解结果基本吻合。DLO 法对于岩质边坡的结构面构造及破坏模式的求解有其独到的优势。DLO 法可以获得可视化的边坡临界破坏模式，尤其是基于相关联流动法则的材料剪胀特性，可以形象展示，且远优于其他方法的处理结果。

第5章　考虑土体-结构相互作用的极限分析方法及其应用

和传统岩土力学稳定性问题一样，考虑一定安全系数的土体-结构相互作用的土工结构(基坑开挖支护)同样可以以其极限状态作为研究对象。极限分析理论在数学逻辑上更为严密，构造新颖，而且无需复杂的本构关系，在求解稳定系数或安全系数上更为直接、简明。Sloan(1988b)最早实现了有限元法与极限分析法的结合，采用数学规划方法求解土力学稳定性问题。这也标志着数值极限分析法的诞生。但是，极限分析有限元法至今仍囿于浅基础地基承载力和边坡稳定问题的简单运用；尽管 Ukritchon(1998)、Ukritchon 等(2003b)在基坑稳定性分析中涉及支护开挖的计算，但没有详细说明其方法。因此，在某种程度上，对于考虑土体-结构相互作用的支护开挖的极限分析鲜有人研究。

现有的研究表明，支护开挖稳定性分析采用的极限理论基于不同程度的假设条件和简化模型，仍只能是解析解方法的一种，与传统的滑移理论具有相同的局限性，其通用性不强，无法胜任复杂边界条件的稳定问题分析；而且最为关键的是，现有基坑稳定性分析极限方法对于支护结构体系与土体相互作用并未纳入分析范畴。另外，目前基坑抗隆起分析采用黏土不排水强度的极限分析法，不能考虑地下水位和孔压变化的影响，而基坑内外的地下水位变化也是影响抗隆起稳定性的重要因素。

事实上，支护开挖稳定性分析的实质是在所有可行域内进行搜索求解的最优化问题。与边坡稳定问题类似，基坑失稳破坏形态上存在两种主要形式：滑动破坏(土体的屈服)与转动破坏(土体的屈服、支护结构的屈服(塑性铰)或两者兼而有之)。土体-结构的相互作用也体现在土体与支护结构均存在破坏失效的可能。因此，考虑土体-结构相互作用的基坑稳定问题的最优解被认为是在可行域上(所有失稳破坏模式或静力容许应力场下)求得的全域最优解。数值极限分析方法兼具数值方法的灵活和极限定理的简单与直接，因此采用离散技术和数学规划法进行极限分析问题的求解是当前研究的主流。

无厚度间断面(非连续面)的引入，使得计算结果受非连续面分布的影响较大。因此，部分学者探讨和引入了线性单元的有限元网格自适应技术，如 Borges

等(2001)、Christiansen 和 Pedersen(2001)、Lyamin 和 Sloan(2003)、Lyamin 等(2005)。显然，这也促使数值极限分析方法理论更趋复杂。

Yuan 和 Whittle(2013)、Muñoz 等(2013)采用极限分析有限元对锚桩墙、板桩墙稳定性进行分析，进一步验证了该方法的优越性。尽管采用有限元技术进行离散，但由于单元公用边界为非连续面，每个单元都必须独立进行编号，稀疏矩阵奇异问题难以回避(Makrodimopoulos and Martin，2008；黄齐武，2007)，进而使得优化求解的整体计算效率降低。

近年来，如何提高数值极限分析方法的计算效率，一直是理论研究的热点和难点。其中，静力容许应力场或机动容许速度场的构造方式和离散形式上的研究是主流方向之一。Milani 和 Lourenço(2009)采用曲线和线性单元进行离散；Hambleton 和 Sloan(2013)采用线性三角形单元进行离散，并通过单元节点的摄动方式(perturbation method)进行速度场的构造。Le(2010)、Phuc(2020)采用无网格法(meshless method)和二阶锥形规划方法实现极限定理；Zhou 和 Liu(2012)以及 Zhou 等(2012)采用自然单元法(natural element method)实现板结构的数值极限分析上限法。由此可见，采用新型的离散方式构造数值极限理论是提高数值计算效率的有效方式。

边坡稳定性分析中，往往涉及边坡的加固和支护，开展加筋边坡的稳定性分析是必不可少的。根据传统理论，加筋边坡的稳定性分析有两种处理方法——等效均质模型(equivalent homogeneous model)(Buhan et al.，1989)和含有结构材料的土体-结构接触模型(soil-reinforcement interface model)或结构模型(structural approach)(Michalowski，1998；Michalowski and Zhao，1995)。Michalowski 基于上限法对加筋边坡进行了深入的探讨，并且界定了不同的破坏模式。Yu 和 Sloan(1997)在等效均质模型的基础上，依托线性规划理论实现了稳定性分析。但是，对于如土钉、锚杆等刚度较大的加筋材料，等效模型并不适用。因此，将结构单元引入数值极限分析法是本研究的主要创新点和难点。

5.1　结构单元的构造及形式

DLO 法中涉及的块体由一个或多个单元组成，用于表征材料的几何及破坏特征；两个块体间的公共边界即为界面，用于表征材料的平动、转动等特征。DLO 法中的界面包含真实界面和虚拟界面两个概念，真实界面用于表征材料的交界面、节理等真实的非连续面，其强度参数与真实界面的参数一致。虚拟界面主要有两个作用：一是连接两个块体，用于传递力学信息；二是为显示滑移提供潜在的通道(即滑移面可以沿任意一个虚拟界面进行扩展)。

土体-结构相互作用的关键在于接触单元的引入，而接触单元的接触形式有多种。一般来说，接触形式可以分为点-点接触、点-面接触、线-线接触、面-面接触等。本研究采用点阵格栅的离散方式，且非连续面为节点之间的连线，因此接触单元也采用点对点和线对线的形式。土体-结构相互作用的特性一般是将接触单元的特性构造成结构单元周边土体强度的特性函数，即接触单元摩擦特性是周边土体内摩擦角的函数或是土体剪切阻力临界值函数。

事实上，结构单元有两种不同的运动方式，即平动(translation)和转动(rotation)。由于涉及不同的节点变量，为提高计算效率，本节分别进行相关阐述。

5.1.1 结构平动

在第 4 章 DLO 法极限分析构造中引入结构体，必须能够实现结构体与土体之间的相对运动。为实现这一目标，所有潜在的滑移线仅在固体内部产生，除穿越结构体上的离散节点外，不能直接穿过结构体。这种做法的直接结果就是需要在边界或结构上增加节点密度。

图 5.1 所示为结构体与周围土体相对运动以及土体与结构相对运动示意图。将结构体模拟为条块，类似“三明治”形式夹在土体 A 和 B 之间。细条块(结构体)和相邻土体的相对运动可通过土体条块上面和下面的潜在非连续面来模拟。而结构自身的运动则通过土体条块的相对运动获得。考虑结构的平动(结

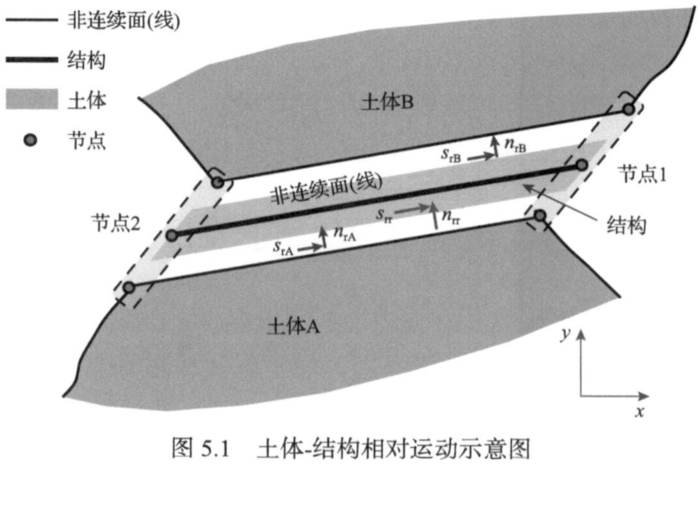

图 5.1　土体-结构相对运动示意图

构的绝对速度在局部坐标内表述为 u_r 和 v_r)，可引入新的变量表征结构与固体(土体)的相对运动，即

$$s_{rr}=u_r-u_t \tag{5.1}$$

$$n_{rr}=v_r-v_t \tag{5.2}$$

式中，s_{rr} 和 n_{rr} 分别为结构与土体的相对滑移速度和法向速度，在全域坐标系中结构与土体以绝对速度 u_t 和 v_t 运动。尽管在 DLO 法中，滑移线速度通常是相对的，但是滑移线速度在边界的绝对值可以通过上述公式直接得出。

结构与理论土体条块之间的相对运动可以通过边界特性来计算，如剪胀性，即

$$s_{rA}=u_t-u_A \tag{5.3}$$

$$n_{rA}=v_t-v_A \tag{5.4}$$

式中，s_{rA} 和 n_{rA} 分别表示理论土体条块与土体 A 边界的相对滑移速度和法向速度；u_A 和 v_A 分别为土体 A 在局部坐标系内的绝对速度。变量 s_{rB} 和 n_{rB} 的定义与土体 A 类似。

不难发现，连接结构到 DLO 法中的变量是 s_{rr} 和 n_{rr}，这些并不涉及几何相容条件(协调方程)，结构体模拟为平动，仅对能量耗散方程有影响。因此，对于类似土钉、锚杆等结构体，抗拔系数 T(kN/m) 和侧阻系数 N(kN/m) 对能量耗散方程有影响，即

$$\mathrm{d}W=\left(T\,|\,s_{rr}\,|+N\,|\,n_{rr}\,|\right)\mathrm{d}l \tag{5.5}$$

式中，$\mathrm{d}W$ 为功率；$\mathrm{d}l$ 为结构体长度，$|\,s_{rr}\,|=s_{rr}^{+}+s_{rr}^{-}$，$|\,n_{rr}\,|=n_{rr}^{+}+n_{rr}^{-}$，且 s_{rr}^{+} 和 $s_{rr}^{-}\geqslant 0$。

5.1.2　结构转动

对于土体-结构相互作用的问题，转动模式不可避免。DLO 法在块体界面和边界处考虑转动破坏，块体自身不考虑转动。实际上，转动总是出现在土体和结构单元或是相邻结构单元之间的边界上。转动破坏的形式有以下几种可能：土体屈服破坏、结构屈服破坏或两者兼之。以浅基础地基极限承载力为例，考虑对数螺旋滑移面的几何尺寸，地基极限承载力的屈服破坏如图 5.2 所示。运动容许机构发展为基础结构出现塑性铰，该塑性铰的出现将导致基础转动和邻近土体变形。在这种情况下，能量耗散不仅出现在土体和接触面，还出现在

基础的塑性铰中。

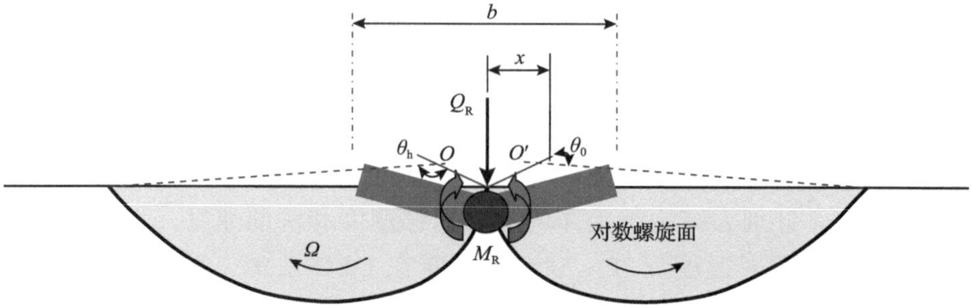

图 5.2　浅基础地基的破坏模式

由于考虑转动变量，需修正 DLO 法的数值形式，基本变量 $\boldsymbol{d}^{\mathrm{T}}=\{s_1, n_1, \omega_1, s_2, n_2, \omega_2,\cdots, s_m, n_m, \omega_m\}$。其中，非连续面 i 除相对剪切位移变量和法向位移变量为 s_i 和 n_i 外，还增加了相对转动变量 ω_i。对于非连续面 i 的全域协调约束变为

$$\boldsymbol{B}_i\boldsymbol{d}_i=\begin{bmatrix} \alpha_i & -\beta_i & \dfrac{l_i\beta_i}{2} \\ \beta_i & \alpha_i & -\dfrac{l_i\alpha_i}{2} \\ 0 & 0 & 1 \\ -\alpha_i & \beta_i & \dfrac{l_i\beta_i}{2} \\ -\beta_i & -\alpha_i & -\dfrac{l_i\alpha_i}{2} \\ 0 & 0 & -1 \end{bmatrix}\begin{bmatrix} s_i \\ n_i \\ \omega_i \end{bmatrix} \tag{5.6}$$

式中，$\boldsymbol{B}_i$ 和 $\boldsymbol{d}_i$ 分别为局部协调矩阵和非连续面 i 的位移向量；α_i 和 β_i 分别为非连续面 i 的 x 轴和 y 轴的余弦，l_i 为非连续面 i 的长度。并且，非连续面 i 的局部塑性流动约束可改写成

$$\boldsymbol{N}_i\boldsymbol{p}_i-\boldsymbol{d}_i=\begin{bmatrix} 1 & -1 & 0 & 0 \\ \tan\phi_i & \tan\phi_i & u_il_i & u_il_i \\ 0 & 0 & 1 & -1 \end{bmatrix}\begin{bmatrix} p_i^1 \\ p_i^2 \\ p_i^3 \\ p_i^4 \end{bmatrix}-\begin{bmatrix} s_i \\ n_i \\ \omega_i \end{bmatrix}=0 \tag{5.7}$$

$$u_i=\frac{1}{2}-\frac{1}{1+\exp(\pi\tan\phi_i)} \tag{5.8}$$

式中，塑性算子 p_i^1, p_i^2 增加额外的变量 p_i^3, p_i^4；u_i 为在邻近屈服区域转动的距离因子，或当转动仅在边界发生时，可取常系数 0.5；ϕ_i 为土体-结构接触面摩擦角。需要指出的是，结构塑性铰无需事先知道，重叠非连续面等情况也可以包含在分析过程中。当转动在邻近土体中调整时，考虑功率方程 $\boldsymbol{g}^{\mathrm{T}}=\{c_1l_1,\ c_1l_1,\ c_1l_1{}^2u_1/\tan\phi_1,\ c_2l_2,\ c_2l_2,\ c_2l_2{}^2u_2/\tan\phi_2,\cdots,c_ml_m,\ c_ml_m,\ c_ml_m{}^2u_m/\tan\phi_m\}$，$c_ml_m{}^2u_m/\tan\phi_m$ 的推导过程详见本章附录V（LimitState，2009）。

为便于转动问题的计算，在 DLO 法中进行了部分简化，如图 5.3 所示。通过细分边界或结构单元上节点数量，将结构转动引起的不均衡力化整为零，使得转动邻近区域的土体受力条件不做任何改变。也就是说，仅结构或接触面考虑转动，而土体单元仍以平动为主，转动引发的不均衡力可通过多分段均衡力代替。

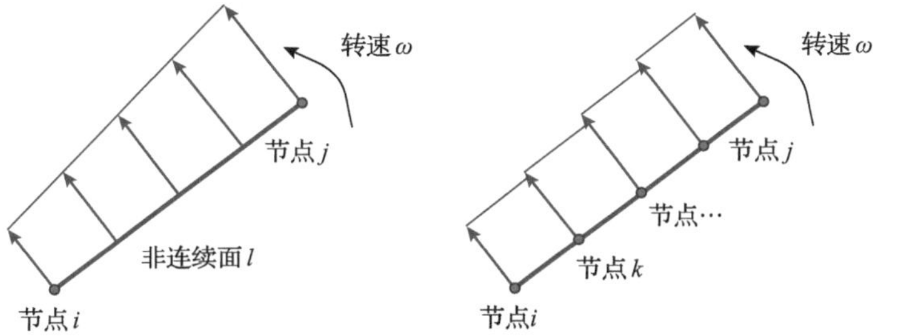

图 5.3　非连续面转动等效处理示意图

至此，DLO 法的土体-结构相互作用的机制基本建立完成，由于以非连续面布局为主，线-线接触形式成为主导。为简化计算，仅考虑问题边界、土体-结构接触面的转动，土体形成块体本身不考虑转动破坏。

另外，对于支护体系结构作用的发挥，可借助地基极限承载力理论来实现。在集中荷载的作用下，地基达到极限承载力状态，基础会适度出现塑性铰；此时，基础的受荷作用状态可匹配支护结构屈服时的作用状态。而基础的自由度在二维空间仅增加转角与作用弯矩；并且其他作用荷载形式均可以在此基础上进行衍生和拓展。

5.1.3　验证与讨论

为例证本节土体-结构相互作用的有效性和准确性，分别以较复杂的锚定板桩墙、基坑内支撑围护结构以及挡土墙等稳定问题进行分析。

1. 案例 1：锚定板桩墙稳定问题

采用此案例的目的是考虑板桩墙与土锚的屈服破坏，以及转动破坏类型。计算模型如图 5.4(a)所示，土体和板桩墙的参数见表 5.1。图 5.4(b)～(d)所示为 DLO 法模拟的锚定板桩墙破坏模式图。对数值极限分析上限法而言，结构塑性铰只能位于回填土和持力层的固定边界。尽管 DLO 法给出了一个上限值，但不能确定该结果是否为最小解。通过大量计算和分析发现，板桩墙的屈服弯矩和土体强度是锚定板桩结构稳定的主要影响因素。本案例计算结果表明，随着土体黏聚力的增大，结构破坏体系在地表影响范围越来越小。当土体黏聚力足够时，在板桩上就会出现两个塑性铰(图 5.4(d))。

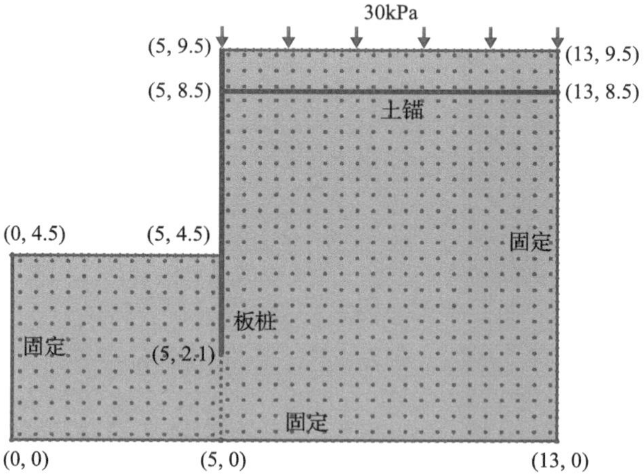

(a) 锚定板桩墙几何尺寸及离散点分布数值模型(节点目标数1000)(单位：m)

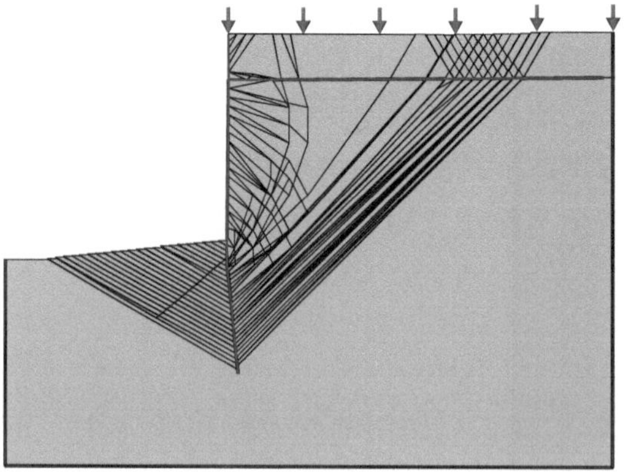

(b) 锚定板桩墙破坏模式(FOS=0.6773，c'=0kPa)

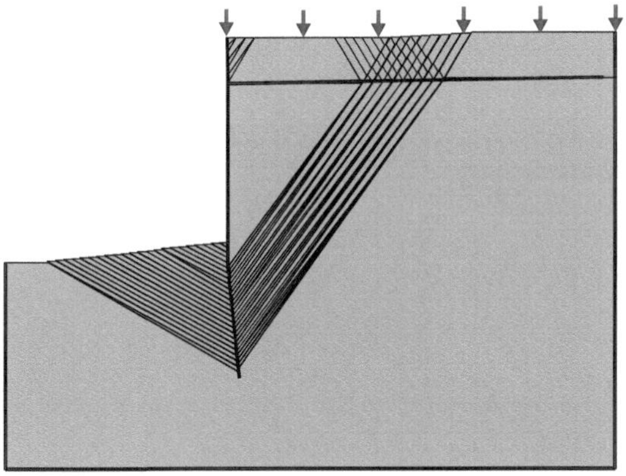

(c) 锚定板桩墙破坏模式(FOS=3.399，c'=15kPa)

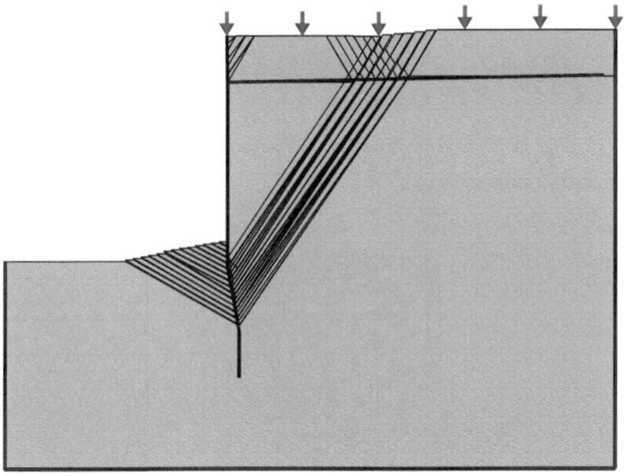

(d) 锚定板桩墙破坏模式(FOS=5.828，c'=30kPa)

图 5.4　锚定板桩墙稳定分析

表 5.1　土体和锚定板桩墙的模型参数

重度 γ /(kN/m^3)	黏聚力 c' /kPa	内摩擦角 φ /(°)	塑性抗弯弯矩 M_p /(kN·m)	墙体摩擦角 ϕ /(°)	N /kPa	T /kPa
16	0/ 15/ 30	30	35	0	5	20

2. 案例 2：基坑内支撑围护结构稳定问题

考虑较为复杂的基坑内支撑围护结构稳定问题，如图 5.5(a)所示。钢筋混凝土连续墙结构长 8m，嵌固深度为 2m，距墙顶部 1.0m 处有内支撑，高 0.2m，其左侧端部固定。模型左右及底部固定，地表荷载为 10kPa。支撑与墙体通过接触单元连接，可自由转动。为简便起见，土体-结构接触面光滑，基于短期不排水情况进行分析，仅考虑结构体系的整体破坏，假设墙体为刚性，材料参

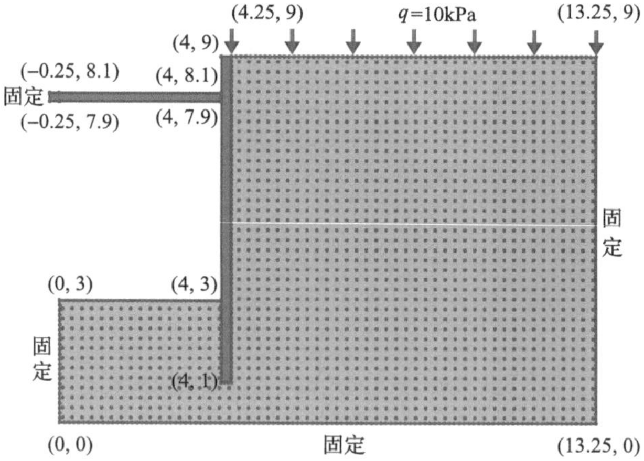

(a) 计算模型尺寸及点阵离散布置(节点目标数2000)(单位：m)

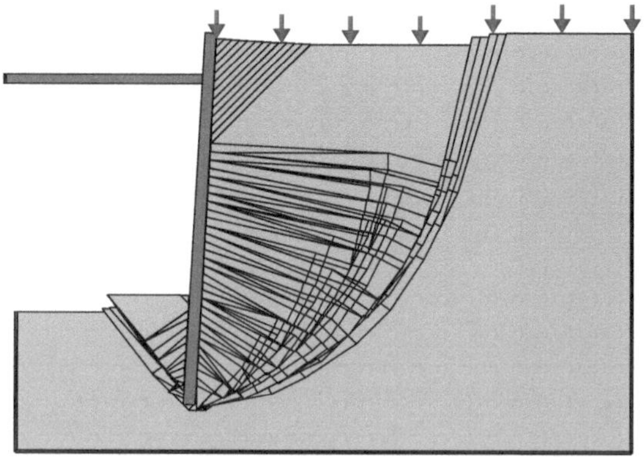

(b) 支护结构破坏模式(土体-结构接触光滑，FOS=1.342)

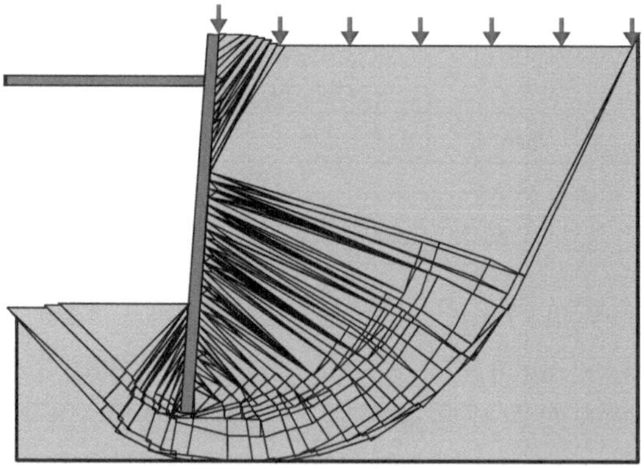

(c) 支护结构破坏模式(土体-结构接触粗糙，FOS=1.610)

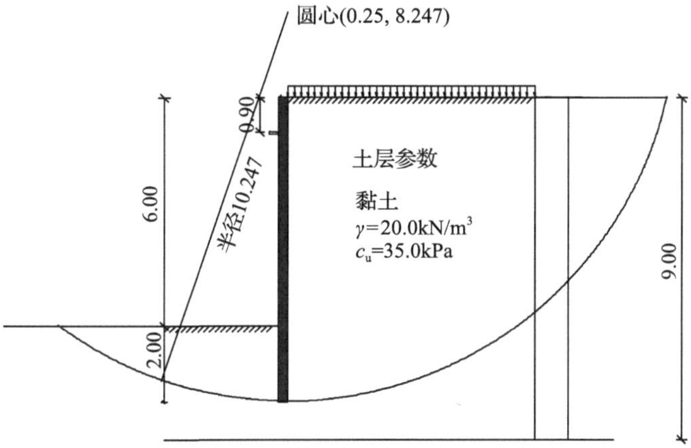

(d) 瑞典条分法临界破坏模型(条分法宽度0.4m，FOS=1.471，单位：m)

图 5.5　基坑围护结构稳定性分析

数见表 5.2。支撑为受拉截断模型，选择不同节点密度或节点目标数进行稳定性分析，安全系数为荷载系数，计算迭代步、优化变量、线性约束数量以及计算耗时结果统计详见表 5.3。

表 5.2　基坑内支撑围护结构的模型参数

土体		墙体及支撑		土体-结构接触面
重度 γ /(kN/m^3)	黏聚力 c_u /kPa	重度 γ /(kN/m^3)	塑性抗弯弯矩 M_p /(kN·m)	
20	35	24	刚性	光滑

表 5.3　基坑围护结构稳定性计算统计

序号	节点密度及潜在连接线	迭代步	变量	约束	耗时/s	安全系数
1	997 个节点 262692 组连接线	15	27304	12940	17.439	1.355
2	1989 个节点 958161 组连接线	22	55275	25630	65.504	1.342
3	3062 个节点 2077385 组连接线	23	93920	42031	121.529	1.338
4	4013 个节点 3339304 组连接线	24	126803	56108	210.36	1.355
5	4948 个节点 4736407 组连接线	25	161167	70587	283.976	1.333
6	6073 个节点 6531062 组连接线	23	201314	87554	374.255	1.332

由图 5.5(b)和(c)可知，基坑围护结构为基底隆起破坏模式，墙体可绕支撑转动。土体-结构(地连墙)接触完全光滑与完全粗糙的整体稳定安全系数分别为 1.342 和 1.610，而基于常规瑞典条分法的整体稳定安全系数为 1.471(图 5.5(d))，抗倾覆和抗隆起安全系数分别为 6.076 和 1.466。对整体稳定安全系数而言，两者误差分别为 8.8%和 9.4%。其中，在土体-结构接触完全粗糙的情形下，临界破坏模式的非连续面(或滑移面)达到数值几何模型的边界，对最终的优化结果略有影响。放大支撑和墙体的接触(图 5.6)不难发现，墙体因转动与支撑仅有下半端部接触。这主要是因为接触面无张拉作用，而墙体抗压强度又足够大。

图 5.6　支撑与墙体细部图

这里需要指出的是，DLO 法的最优解是从全域优化的角度来考虑安全系数的最小值，其涵盖所有的破坏可能，如整体稳定性、抗倾覆、抗隆起等，且无需预先假设任何破坏模式；而常规的极限平衡法则是根据不同的破坏类型，预先构造不同的破坏模式，再分别求解安全系数最小值。

3. 案例 3：挡土墙稳定问题

对邻近道路的混凝土砌块挡土墙稳定性进行分析。以短期稳定性分析为主，挡墙砌缝砂浆采用接触单元和受拉截断材料进行模拟。挡墙道路作用荷载为 30kPa，挡墙高 6m，倾斜 6°。邻近回填土、黏土和挡墙以及地层的剖面图如图 5.7 所示。数值模型和材料参数见表 5.4。墙体-回填土和墙体-硬黏土接触面强度参数分别设置为 $0.5c'$和 $\arctan(0.5\tan\varphi')$，其中，c'和 φ'为相关联回填土和硬黏土的强度参数。

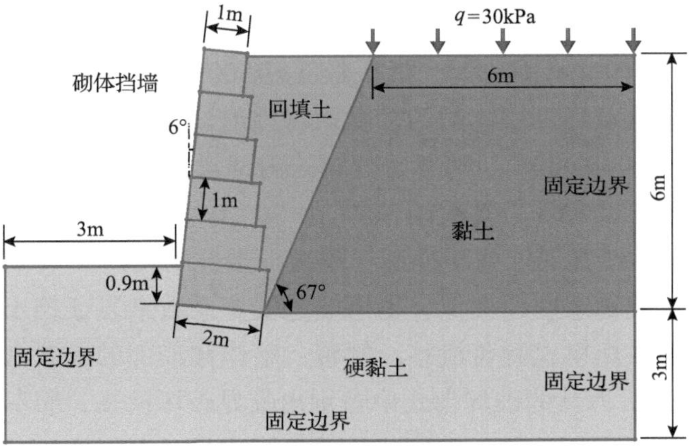

(a) 挡土墙几何尺寸及模型

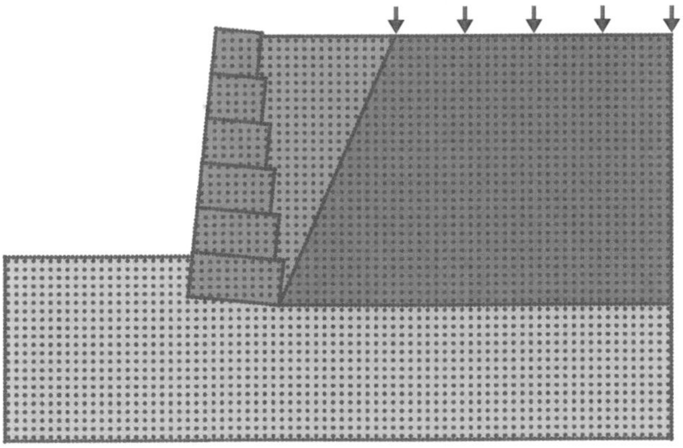

(b) 离散节点布置(节点目标数5000)

图 5.7　混凝土砌块挡土墙几何尺寸及节点密度示意图

表 5.4　砌体挡土墙材料参数

材料及接触面		材料类型	排水特性	c_u /kPa	c' /kPa	φ' /(°)	γ 或 γ_{sat} /(kN/m^3)
材料	回填土	Mohr-Coulomb	排水	—	2	25	20
	黏土	Mohr-Coulomb	不排水	25	—	—	20
	硬黏土	Mohr-Coulomb	不排水	38	—	—	20
	砌体	Mohr-Coulomb	不排水	10000	—	—	23
接触面	回填土-墙体	Mohr-Coulomb	排水	—	1	13	0
	硬黏土-墙体	Mohr-Coulomb	不排水	12.5	—	—	0
	砌块之间	Mohr-Coulomb 和张拉截断	排水	—	0	35	0

为提高计算效率，挡墙砌块作为刚性材料，仅考虑块体单元间的破坏。接触面强度特性：c'=0kPa，φ'=35°，抗压强度σ=500kN/m^2。抗压参数主要考虑砌块间的类似承载力破坏。块体间的接触面特性通过 Mohr-Coulomb 准则和截断模型界定。Mohr-Coulomb 准则考虑材料的内部滑移破坏，而截断模型则表征块体间通过裂缝扩展实现相对转动。

在本案例中，设置受拉截断模型材料的极限抗压强度用来考虑砌块的压碎破坏。与岩土边坡稳定问题类似，也可通过安全系数来表征挡土墙的稳定性。数百万计的潜在破坏模式涵盖滑移、倾覆、整体和局部的承载力破坏等。

DLO 法从数百万计的破坏模式中甄别出临界破坏模式，而不是预先指定破坏模式。由图 5.8 可知，挡土墙的临界破坏模式是倾覆和承载力破坏的组合。DLO 法可以分析成层地层和任何作用荷载较为复杂的稳定性问题。而且，通过

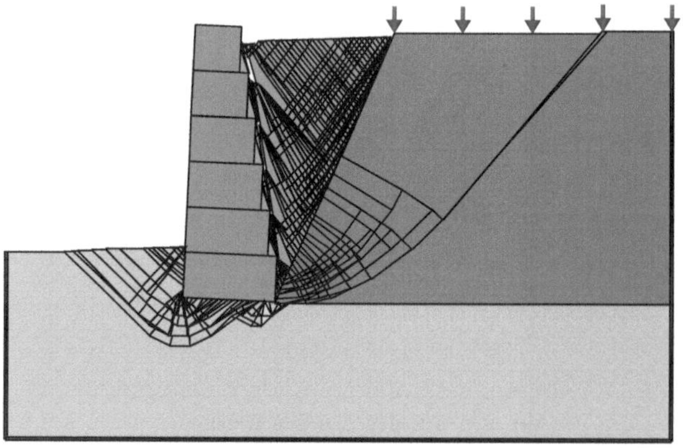

(a) 挡土墙破坏模式(节点目标数3000)

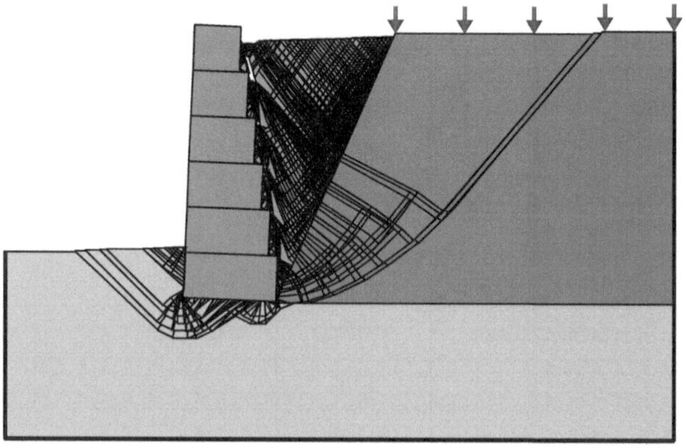

(b) 挡土墙破坏模式(节点目标数5000)

图 5.8 挡土墙破坏模式

图 5.8 不难看出，不同于单元型数值方法，DLO 法可以不用刻意去构造速度奇异或扇形破坏模式(潜在的扇形区域中心位于特定节点，而临界非连续面则通过节点间连线实现)。由表 5.5 可知，安全系数的精度取决于破坏模式的节点分辨率或节点密度，随着节点密度的不断细分，其计算精度逐步提高。

表 5.5　挡土墙稳定性计算统计

序号	节点密度及潜在连接线	迭代步	变量	约束	耗时/s	安全系数
1	235 个节点 8373 组连接线	13	7876	4166	14.484	1.244
2	472 个节点 32306 组连接线	13	15148	7882	19.5	1.227
3	968 个节点 127380 组连接线	20	30606	15619	86.25	1.202
4	1999 个节点 482827 组连接线	23	70124	34030	236.031	1.184
5	2970 个节点 993989 组连接线	26	103828	49818	411.219	1.179
6	3954 个节点 1653825 组连接线	32	144533	68083	802.672	1.173
7	4972 个节点 2468984 组连接线	29	179024	84856	997.641	1.169

上述的验证和应用是定量且客观的，数值计算的准确性和破坏模式的可视化充分表明 DLO 法是块体结构体系稳定性分析的有效手段和方法。

值得指出的是，破坏模式的图示化是通过虚位移同比例放大及关联极限荷载的最小化产生的。为简洁起见，扩大相对运动的比例，并不是误导实际变形。根据极限定理的内涵，初始破坏的运动是微小的，因此在破坏初期是有效的。

5.2　砌体拱桥的极限承载力

土体-拱桥结构相互作用对拱桥的极限承载力影响甚大，但土体-拱桥结构相互作用的复杂机理并未很好地被掌握。过去几十年，对拱桥结构开展了系统的研究，但是回填土的力学性能并不是重点，而且几乎所有的模型试验均以颗粒土材料回填(Melbourne and Gilbert，1995；Page，1993；Fairfield and Ponniah，1993)。另外，大多数模型试验都是采用刚性桥墩(座)，不具备实际工程的代表性。本节依托英国 Sheffield 大学和 Salford 大学的联合拱桥试验(Dong，

2009)，验证 DLO 法的有效性和准确性，同时对涉及岩土强度参数的合理性选择进行探讨。

5.2.1　试验目的

进行三组砌体拱桥破坏试验的主要目的如下：

(1)全面检验测试系统(试验槽、图像测试和测试手段等)。

(2)确定支座对拱桥力学性能的影响。

(3)进一步了解砌体拱桥与回填黏土的力学性能。

第一组拱桥采用 3m 跨径，与 Bolton 试验(Melbourne and Gilbert，1995)在 20 世纪 90 年代的几何尺寸一致，以便进行直接比较。但是，与 Bolton 桥的试验不同之处在于桥墩可以适度移动而非完全固定在刚性墩座上；另外，平面应变测试槽的桥梁边界非常明显，而不是之前采用的砌体拱肩墙。

第二组试验桥几何尺寸与第一组基本一致，只是拱顶以下的回填材料采用黏土。拱顶至地表则回填粉碎的石灰石(crushed limestone)，这与实际拱桥的路面和路基材料基本一致。另外，这也可以避免路面作用荷载区域周边局部屈服破坏。

第三组试验几何尺寸和材料与第一组完全相同，只是桥墩支座固定。

5.2.2　试验方案

1. 试验台

专门设计的试验槽长 8.3m，宽 2.1m，可以安置拱架和回填土，基本满足以下要求：

(1)提供完全透明的单侧以供非接触测试——粒子图像采集系统捕捉拱桥破坏模式(数码相机采集序列图像，经过图像分析软件转成位移或速度矢量图，然后与数值模拟结果进行比较)。

(2)试验槽空间足够容纳 3m 跨径的拱架(矢高比为 4∶1)，半圆形拱形，且回填土破坏模型不受槽边界影响或影响不显著。

(3)试验槽刚度足够且侧边无摩擦，以满足平面应变条件。

(4)桥墩块体可以固定或自由移动。

试验台几何尺寸如图 5.9 所示，主要框架采用重型工字钢(406×140×39UB，S275 级)，以确保刚度足够使之在受荷作用下平面应变条件不改变。框架的空间主要是考虑拱桥结构的破坏模式不受端部影响。试验台的长度方向增加多根上下(顶部到底部方向)拉杆以增强侧向刚度，如图 5.10 所示。框架侧面和两端设置

50mm 的厚胶合板(图 5.11)，在透明侧安装 50mm 厚亚克力(acrylic)板作为透射窗，以便观测土体的运动形态。所有板内侧均敷设 6mm 厚的亚克力薄板。

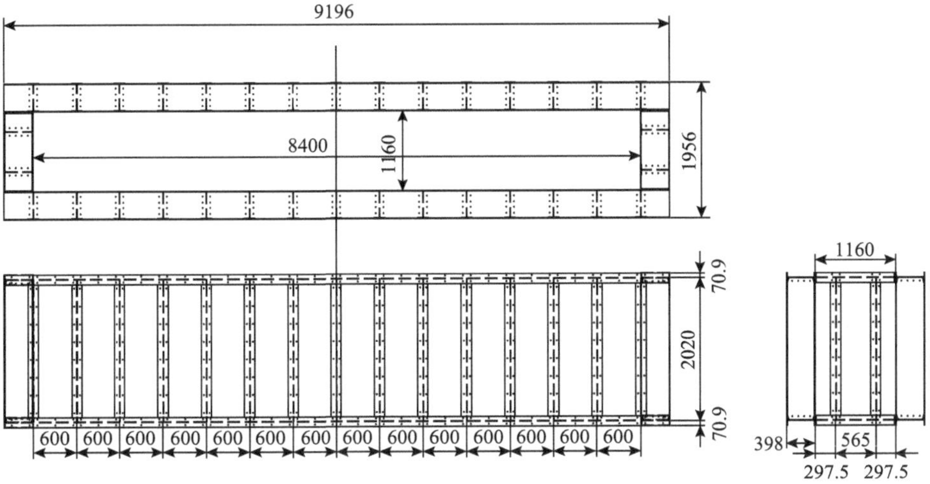

图 5.9　试验台几何尺寸和布置构造(单位：mm)

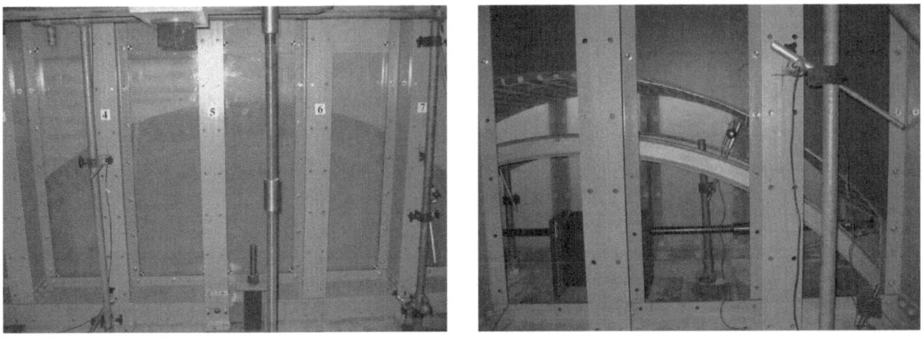
图 5.10　钢框架布置示意图

图 5.11　试验台内侧示意图

2. 几何形状和材料参数

1) 桥梁几何

拱圈(arch barrel)分块且跨径为 3m，矢高比为 4∶1，平均宽度为 1010mm。拱圈由两个拱环和错缝拱头组成，以确保试验中出现拱环分离。拱顶回填土碾压至 305mm，平均宽度 1045mm。试验拱桥 1～3 具体几何尺寸和构造如图 5.12 和表 5.6 所示。

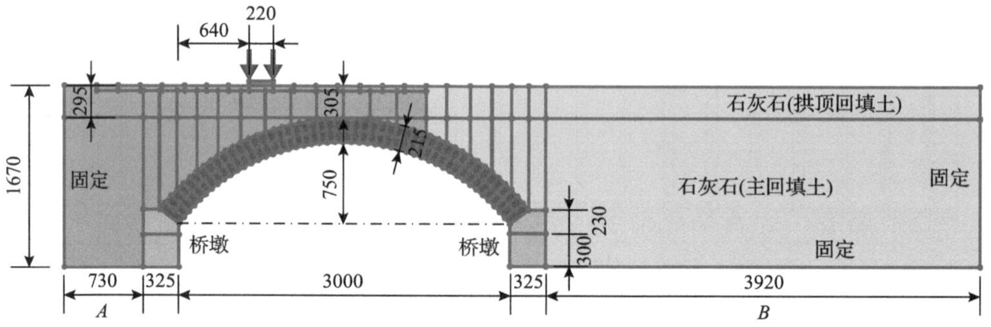

图 5.12 试验拱桥几何尺寸和构造示意图(单位：mm)

表 5.6 Salford 试验拱桥几何尺寸

试验拱桥	A/m	B/m	回填土	桥墩(固定/自由)
1	0.73	3.920	石灰石	自由
2	1.93	2.723	石灰石+黏土	自由
3	0.73	3.920	石灰石	固定

2) 材料特性

拱桥拱圈砌块采用 Nori A 级砖，砌缝砂浆采用水泥、石灰、砂(体积比为 1∶2∶9)。长度为 100mm 砌块的材料参数参考值见表 5.7。试验拱桥 1 和试验拱桥 3 采用 Tarmac Central MOT 类一级石灰石。使用 300mm 直剪盒进行法向应力 25kPa、100kPa 和 175kPa 的强度参数测试，每个应力水平下进行 3 组试验，图 5.13 所示为剪切试验中相对发挥强度 φ_{mob} 与剪应变的关系图，平均重度和强度参数详见表 5.7。试验拱桥 2 在拱顶以上采用石灰石回填 305mm，拱顶以下采用黏土填充。黏土使用 Marchington Stone 提供的密实的淡红色砂质黏土(含砂砾)，天然含水量 15%，最优含水量 9%，液限 29%，塑限 12%。黏土重度和不排水剪切强度参数(黏土的黏聚力)见表 5.7，其应力-应变关系曲线如图 5.14 所示。黏土峰值强度(c_{umax})和低剪应变发挥强度(即不同剪切应变下的黏土强度）如图 5.15 所示。

表 5.7　材料参数

材料		参数类型		重度(kN/m^3)	黏聚力/kPa	内摩擦角/(°)
		抗压强度/(N/mm^2)	重度(kN/m^3)			
砌块		154	24.2	—	—	—
砂浆		1.9	14.4～15.4	—	—	—
砌体		25.0	23.7	—	—	—
回填土	石灰石	—	—	19.1	22.4	46.4
	黏土	—	—	22.1	78	0

注：以上部分参数为多样本均值。

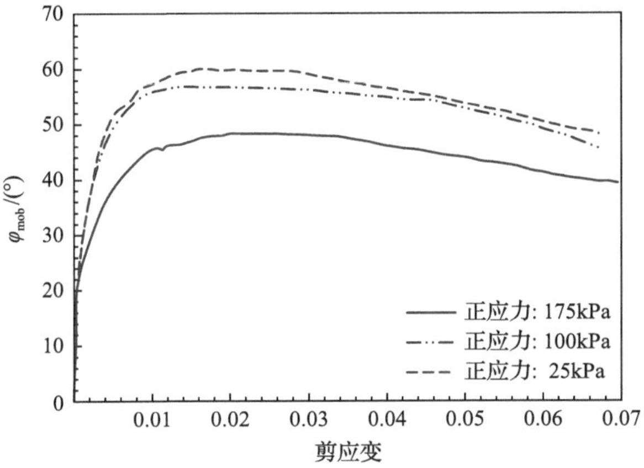

图 5.13　石灰石直剪试验：剪应变与发挥强度关系

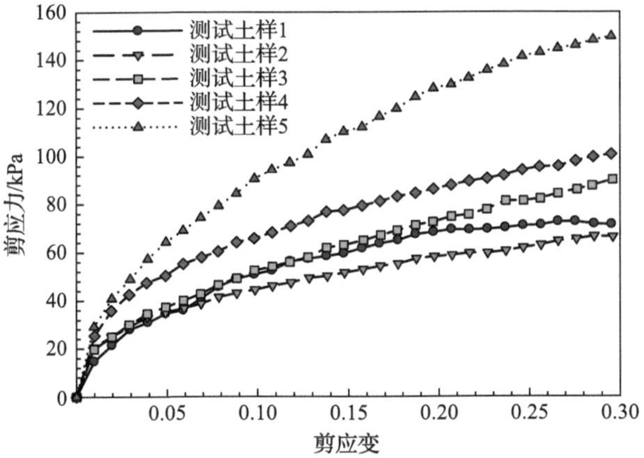

图 5.14　黏土剪应力与剪应变关系

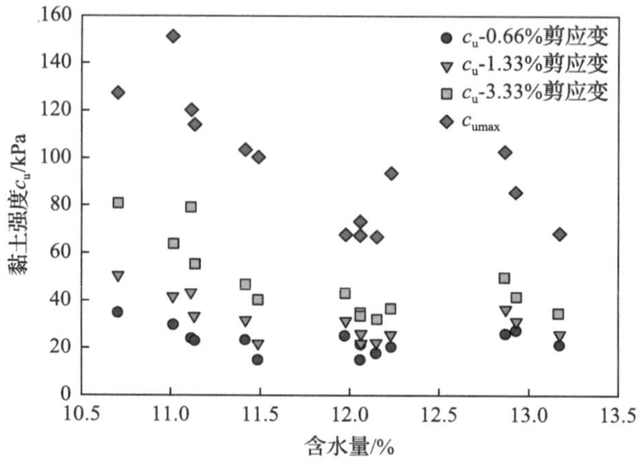

图 5.15　不同含水量下黏土峰值强度(c_{umax})和发挥强度

试验制作过程涉及支座加工和安装、砌块拱圈施工、黏土或石灰石回填等环节，详细过程不在本节赘述，这里重点介绍试验槽与拱圈和回填土之间的摩擦力问题。试验槽刚度足够以确保试验满足平面应变条件。这意味着试验槽内侧和回填土之间有足够的约束力，该约束力可以导致产生较大的侧壁摩擦力。为了最小化摩擦力，如图 5.16 所示，内侧壁 6mm 厚亚克力薄板涂上硅润滑脂并覆盖 0.33mm 厚的乳胶片。在超过 5kPa 的荷载作用下，乳胶片的使用可以极大地降低摩擦角。对于大于 10kPa 的法向力作用，侧板与土体之间的摩擦角不超过 2°。

图 5.16　试验台内侧壁乳胶片布设

3. 测试手段

1) 变形

将 4 个线性可变差分变压器(linear variable differential transformer, LVDT)位移传感器安设在拱腹(intrados of arch)监测拱圈的变形(变位),传感器的精度为±0.01mm,传感器安装示意图如图 5.17 所示。另外,两种不同传感器用来观测试验槽的侧向运动:9 个 LVDT 位移传感器和 7 个量程 50mm、精度 0.01mm 的机械千分表。这些传感器水平放置在试验槽外观测试验槽的变形,具体位置示意图如图 5.18 所示。

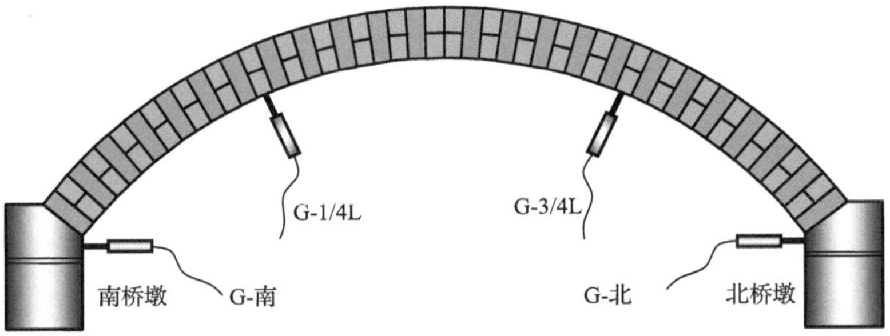

图 5.17 拱圈变形监测传感器布置示意图

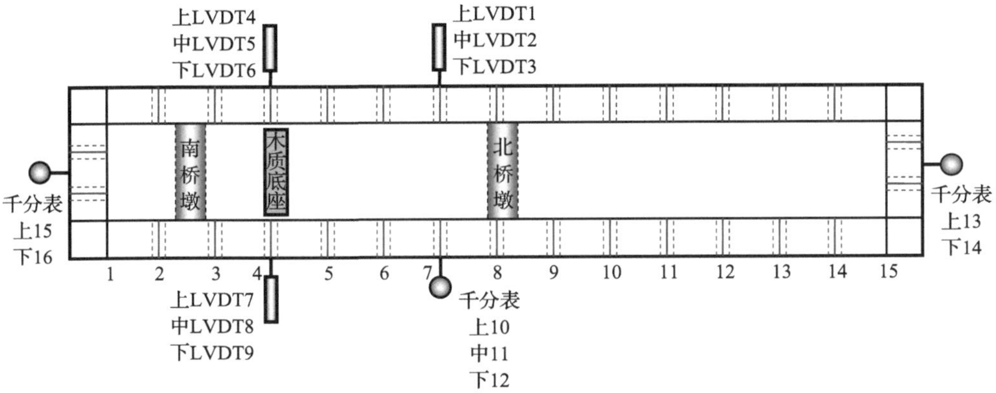

图 5.18 试验槽侧向变形测试系统示意图

2) 成像系统

试验槽长度方向有 14 个钢柱,其中 12 个钢柱中间为亚克力视窗,如图 5.19 所示。为捕捉土体的运动模式,架设 6 台 SONY DSC-V1 5M 的数码相机进行图像采集(每台相机视域范围为 2 个窗口)。在试验过程中,每个加载步都采用遥控的方式进行快速抓拍。为减少重影和增加光感获得质量较好的图像,每个视窗均采用卤素灯进行照明。

图 5.19　图像采集系统布设

4. 试验步骤和加载方案

1/4 跨径测试点位移增量小于 1mm 时，作用荷载加载步为 5～10kN。如果位移增量超过 1mm，作用荷载增量以位移增量控制为主。每步增量都进行图像采集，且拱桥跨径 1/4 处的变位和试验槽的运动都需进行校核。

两个液压千斤顶和反力支架在拱桥跨径 1/4 地表处提供线性荷载作用。荷载通过加载梁(基座 920mm×219mm)和与基座尺寸相同的木质底座竖直作用在回填土表面。钢反力框架锚固入地板，试验拱桥 1 荷载加载系统如图 5.20 和图 5.21 所示。

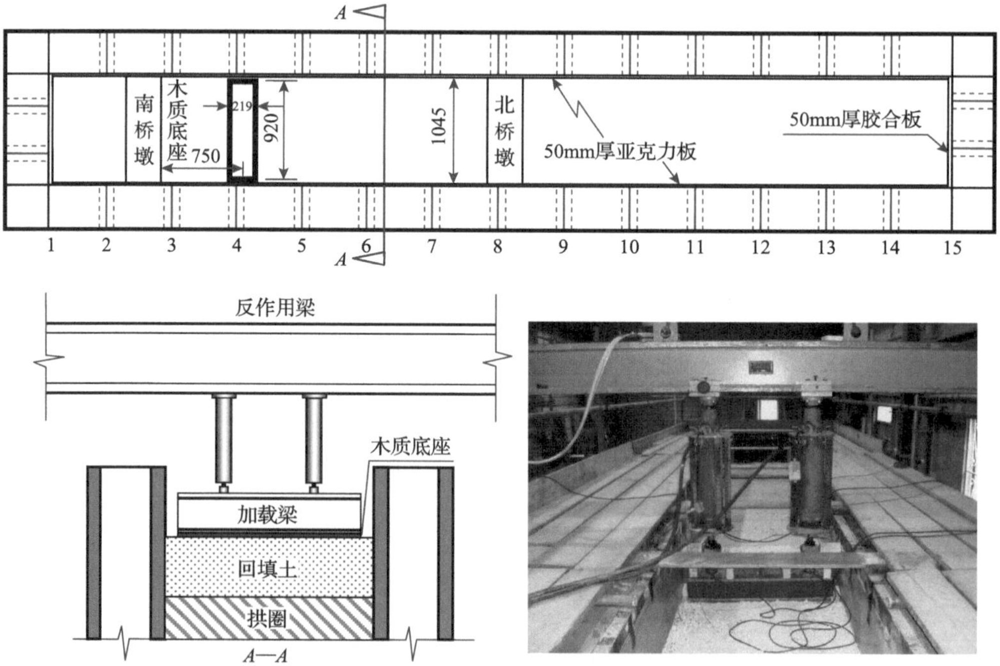

图 5.20　拱桥荷载加载系统(试验拱桥 1)(单位：mm)

图 5.21　拱桥试验全景图

5.2.3　试验结果

1. 外观观察

试验开始前，对所有的拱圈（肋）进行检查，除了试验拱桥 2 有部分收缩外，没有发现任何结构裂缝。另外，并非所有的砌缝都在拱腹，使得裂缝检查难以全面实施。首条裂缝总是在荷载作用的拱腹处。三组试验拱圈结构破坏模式最终都是四铰机构（four-hinged mechanism），如图 5.22 所示。

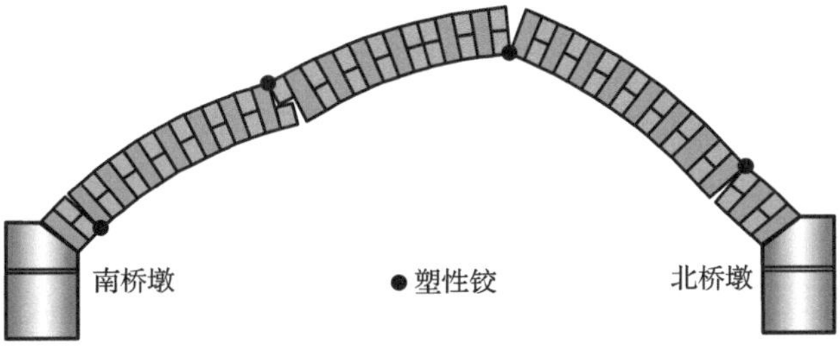

(a) 试验拱桥 1

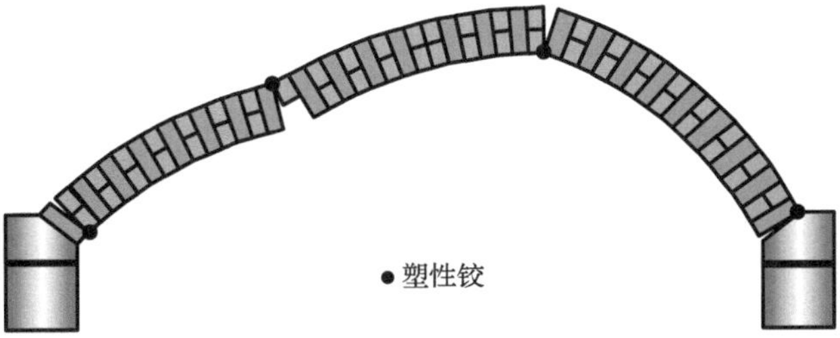

(b) 试验拱桥 2

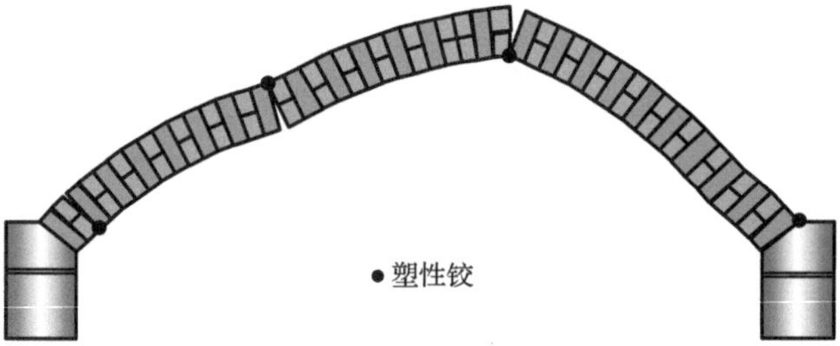

(c) 试验拱桥 3

图 5.22　试验拱桥拱圈(肋)测试破坏图

石灰石填充拱桥(试验拱桥1)破坏荷载约为 125kN，石灰石+黏土填充拱桥(试验拱桥 2)破坏荷载为 90kN，而试验拱桥 3 的破坏荷载为 148kN。试验拱桥 1、试验拱桥 2 和试验拱桥 3 的荷载-位移关系曲线如图 5.23 所示。

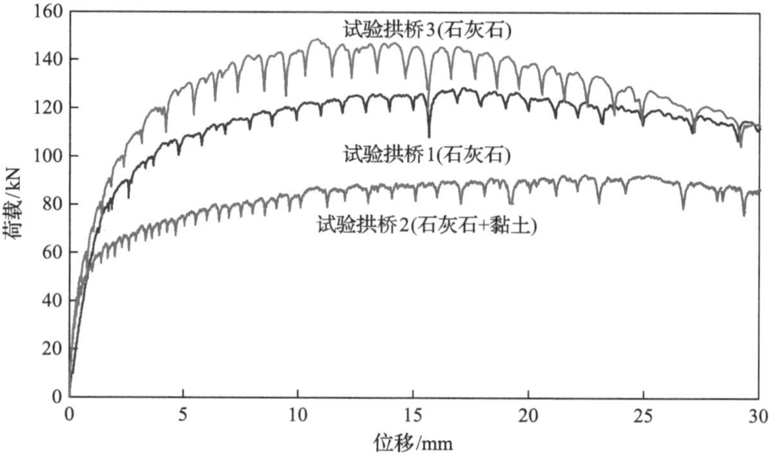

图 5.23　试验拱桥荷载-位移关系曲线

在单侧框架墙移除后，拱桥裂缝清晰可见，尤其是桥墩处或其附近区域。图 5.24 所示为试验拱桥 3 的拱圈裂缝细部图，图 5.25 所示为试验槽侧墙拆除后试验拱桥 2 的全视图。

当拱圈破坏塑性铰形成后，桥墩的运动情况也被全部记录。在石灰石填土的试验拱桥 1 中，当作用荷载达到破坏时，远离作用荷载侧桥墩的移动位移为 3mm。而在黏土填充的拱桥试验中，对应侧桥墩的移动位移则达到 8mm 左右。尽管黏土填充的拱桥墩座锚固在地板上，但试验中仍发现桥墩上部绕着下部墩座存在转动。在试验拱桥 3 中，尽管试验初衷是桥墩固定不动，但实际远离荷载作用侧的桥墩移动约 1.8mm。在所有试验中，近作用荷载侧桥墩的移动位移小于 1mm。试验槽侧板的变形较小，试验拱桥 1、试验拱桥 2 和试验拱桥 3 的最大变形分别为 0.3mm、0.8mm 和 0.6mm，均满足设计要求。

图 5.24　试验拱桥 3 拱圈裂缝细部图

图 5.25　试验拱桥 2 破坏后全视图

2. 拱桥和土体运动

经过研发的 GeoMPIV 分析软件的处理，试验拱桥 1 和试验拱桥 2 的破坏速度场示意图分别如图 5.26 和图 5.27 所示。从离子图像测速(particle image velocimetry，PIV)得到速度场图可以发现，试验拱桥 1 在远离作用荷载侧拱背的速度矢量的坡度或方向角约为 35°，而试验拱桥 2 的速度方向角则为 24°。

图 5.26　石灰石填充试验拱桥 1 的 PIV 速度场示意图

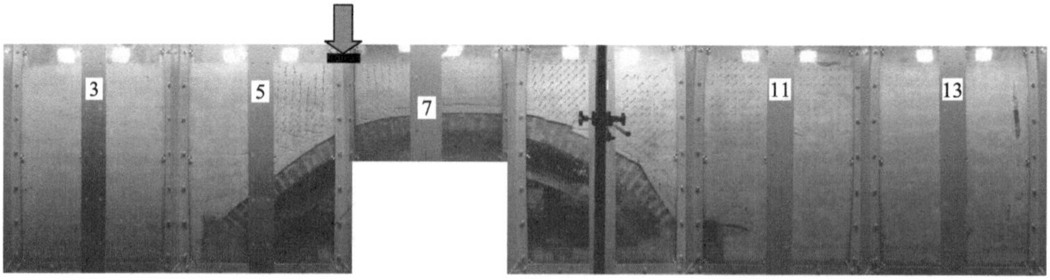

图 5.27　黏土填充试验拱桥 2 的 PIV 速度场示意图

5.2.4　DLO 数值模拟

尽管前述章节已经全面阐述 DLO 法的数学构造形式和力学机理，并且在岩土工程常规应用范畴内进行了验证和校核，但由于其独特的构造性，仍需要谨慎地求证。在拱桥稳定性分析(即极限承载力)中，重点要考虑几个方面的问题，这些问题的实质就是需要考虑参数的选择，下面分别进行阐述。

1. 应变协调性

极限分析上限定理应该满足位移协调性，但 DLO 法的构造仅体现了速度变量或应变率，还应考虑应变协调性(strain compatibility)。事实上，位移型有限元中考虑砌块和土体刚度差异较大时，往往设置过渡单元或接触单元，以调和最终的刚度矩阵，以防出现数值方程的求解奇异性或不收敛。由于 DLO 法没有完全体现位移参数，应变协调性应是考虑的主要因素。

采用以格栅点阵进行区域离散的构造方式形成 DLO 后，节点的应变协调性在数学逻辑上已经实现，在数值应用中考虑的主要是参数的选择，即砌块和回填土的应变应是一致的，而表征这一特性的参数应该是强度参数。极限分析的固有假设是破坏结构内所有的强度相同且同时发挥。而实际情况是破坏结构体不同位置其发挥的强度不同；这也符合不同材料其应力-应变特性不同的特征。

对于上述问题，通常采用一种保守的方法：选取所有材料的临界状态强度(critical state strength)。在应变足够高的情况下，大多数土体都达到其临界状态，因此使得极限分析的假设没有因几何尺寸的过度改变而不成立。但是，这种做法对于上限定理的上限解则难以适用，其上限界定的趋势存在波动往复。

Bolton(1993)在挡土墙稳定性分析中曾提出发挥强度(mobilized strength)，即在特定应变水平条件下，不同材料对应采用不同的强度。当结构达到极限破坏时，问题域内的所有应变将都不大于特定应变水平。该方法在理论上可以作为变形的近似计算；英国标准《挡土结构实用规程》(BS8002:2015)也推荐采用发挥强度不大于临界状态强度来避免局部应变软化的风险。

2. 区域划分

一般而言，填土在拱桥结构中具有两个作用：一是分散作用荷载；二是在被动区域约束拱圈(肋)的移动或变位。这里就要提及拱桥结构填土存在主动区域和被动区域。根据前面所述，主动区域和被动区域土体参数应变水平不同，其强度参数存在差异。

对于本章所有的拱桥稳定性分析，如何区分或界定主动区域和被动区域，直接影响最终的数值模拟结果。根据图 5.28，从拱圈(肋)的破坏形态可以很明显地看出，回填土主动区域和被动区域的划分宜为 3/4 跨径处，即远离作用荷载侧 1/4 跨径处为回填土主动区域和被动区域的分界线。

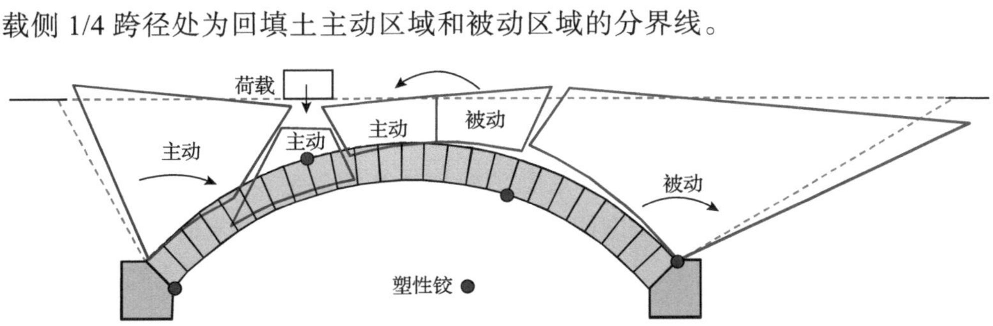

图 5.28　拱桥受荷作用主动和被动区域示意图

在被动侧，拱桥在外荷载作用下的近似位移为 1～5mm，其相对拱圈的转动为 0.1%～0.5%。若把拱桥被动侧的运动与挡土墙等同看待，则被动侧土体的应变约为墙体转动的两倍(Bolton，1993)。同时 Bolton 指出，对于非软弱或非松散的黏土，其 1%应变水平状态下的发挥强度约为峰值强度的 66%，粒状土体约为其峰值强度的 80%。低剪应变对应低发挥剪切强度，但两者并不呈现线性关系。Bolton 还指出，黏土在剪应变 0.25%水平，发挥强度约为峰值强度的 33%。

3. 数值模拟与结果

1) 材料参数

根据应变协调性的相关内容，拱桥组成材料和试验结果详见表 5.8。拱桥材料参数取值详见表 5.9，其中材料参数已参照应变水平进行确定。砌块采用刚性模型，而砌缝采用无黏性 Mohr-Coulomb 屈服准则(c=0)，摩擦角为测试摩擦系数 0.64 的反正切，即 φ=arctan0.64。另外，为考虑砌体的压缩破坏出现塑性铰，设置砌体的抗压强度为 25N/mm^2。

表 5.8　Salford 拱桥具体组成及试验结果

序号	回填土类型		桥墩类型	试验结果/kN	数值结果/kN
	主体部分	近地表			
1	石灰石	石灰石	自由	126	138.7
2	黏土	石灰石	自由	90	84.82
3	石灰石	石灰石	固定	149	150.6

表 5.9　Salford 拱桥材料参数

材料	摩擦系数	抗压强度/(N/mm^2)	重度/(kN/m^3)	黏聚力/kPa	内摩擦角/(°)	土体-结构接触面强度系数
砌体	0.64	25000	23.7	—	—	—
石灰石	—	—	19.1	3.3	54.5	0.33
黏土	—	—	21.7	30	0	0.33

填土材料的参数选择是 DLO 法数值模拟计算的关键要素。对于土体-砌体接触面摩擦角，由于没有直接进行试验测试，本节模拟采用常规的做法取周边土体强度参数的 1/3。根据 Eurocode 7 的推荐，砂/卵石和预制混凝土之间的摩擦角为 2/3φ_{cv}，其中，φ_{cv}为土体临界强度。尽管临界强度没有测试，但一般认为其远小于峰值强度。

正如 Dong(2009)所言，在达到极限破坏荷载时，拱桥被动区域的土体应变相对较小。也就是说，对于被动区域的土体强度参数不能采用峰值强度，否则其破坏荷载高于实际值。本节数值模拟采用的参数见表5.9，被动区域土体强度发挥系数 M(mobilization factor，$\varphi_{mob}=M\varphi$)为 0.5。一般情况下，拱桥主动区域土体在作用荷载强烈影响区，而被动区域土体应变相对较小。为简便计算，假设主动区域土体应变达到极限强度水平，而仅考虑被动区域土体受强度发挥系数影响。

2)结果讨论

(1)破坏荷载。

典型的 DLO 法节点离散布局示意图如图 5.29 所示，试验拱桥 1 和试验拱桥 3 几何尺寸基本一致，因此节点离散布局差别不大。Salford 拱桥 DLO 法模拟计算结果见表 5.10。不难发现，由于拱桥涉及土体-结构相互作用，结构形式较为复杂，离散节点数量或节点目标数均较大，一般达到 5000 左右才能获得较为满意的解。由图 5.30 可知，当节点数量超过 5000 时，其计算成本与准确性的效率降低，因此节点目标数 5000 可以获得准确而又高效的数值解。对比三组拱桥的极限荷载和试验破坏荷载，最大误差约为 10%(试验拱桥 1)，最小误差为 1.1%(试验拱桥 3)。由于拱桥回填土分为主动区域和被动区域，通过调整强度发挥系数 M 改变被动区域土体参数，使得极限荷载数值结果变化较大。从表 5.11 汇总计算结果可知，强度发挥系数 M=0.5 较为合理，且试验拱桥 1 和试验拱桥 2 参数

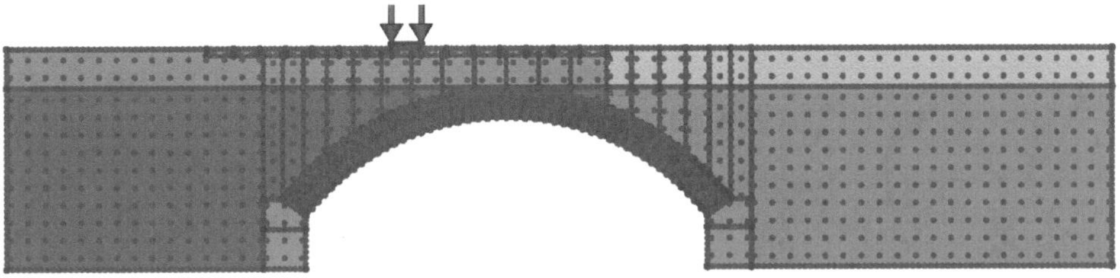

(a) 试验拱桥 2 离散点阵布局(1910个节点，124796组连接线)

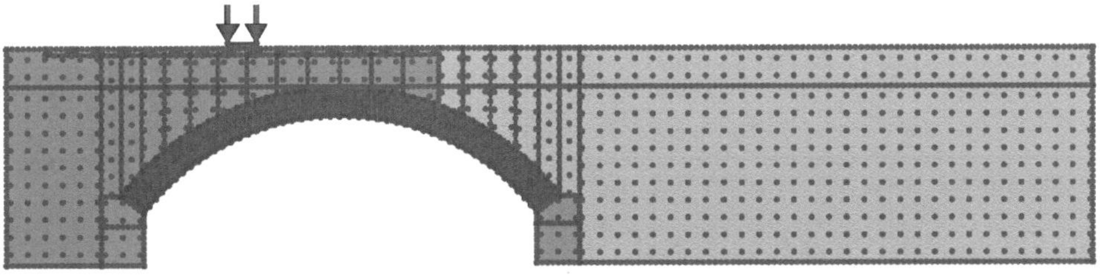

(b) 试验拱桥 3和试验拱桥1离散点阵布局(1910个节点，150772组连接线)

图 5.29　Salford 拱桥离散节点密度示意图

表 5.10　Salford 拱桥计算结果统计

拱桥	节点密度及潜在连接线	迭代步	变量	约束	耗时/s	DLO 法
1	5007 个节点 1161500 组连接线	7	292047	163472	239.266	138.7
2	5021 个节点 727773 组连接线	7	199566	196822	186.328	84.82
3	5022 个节点 854856 组连接线	6	289174	162387	279.203	150.6

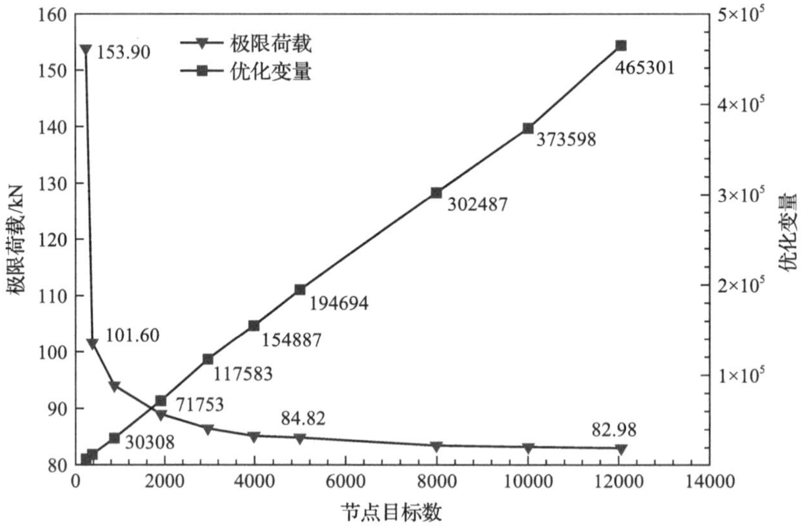

图 5.30　DLO 法计算极限荷载及优化变量与节点目标数关系图(试验拱桥 2)

表 5.11　试验拱桥 3 强度发挥系数、应变与计算极限荷载关系

被动区域强度发挥系数 M	主动区平均剪应变*	被动区平均剪应变*	极限荷载/kN
1.0	0.03	0.0013	241
0.8	0.021	0.0011	195
0.5	0.028	0.0011	150.6
0.25	0.032	0.0014	127
0.1	0.033	0.0019	115

* 相关数据源自 Dong(2009)的 MLSA 方法。

计算结果也证明了该参数的准确性。此外，从 Dong(2009)采用 MSLA(mobilized strength limit analysis)计算应变的结果来看，拱桥主动区域与被动区域土体的剪应变水平相差一个数量级，也侧面证实本节选用强度发挥系数的必要性。

(2)破坏模式。

Salford 三组拱桥破坏模式与 DLO 法数值模拟结果对比发现，两者的破坏模式基本一致，只是部分塑性铰的位置略有出入。事实上，极限分析上限定理表述为当且仅当上限解与真解一致时，其构造的破坏模式才是真实的。

试验拱桥 1 和试验拱桥 3 的几何尺寸基本一致，唯一的差别在于试验拱桥 3 的桥墩是固定的，而试验拱桥 1 的桥墩是可移动的。试验拱桥 1 和试验拱桥 3 的试验破坏荷载分别为 126kN 和 149kN。不难看出，桥墩固定对拱桥的承载力影响较大，两者的差别可达约 18%；而且桥墩不固定也成为拱桥“四铰机构”破坏形式中的一铰。比较试验拱桥 1 DLO 法模拟破坏模式(图 5.31)与 PIV 试验速度矢量图(图 5.32)，被动侧土体滑移的速度倾角为 33.9°，而 DLO 法模拟破坏模式被动侧滑移面倾角为 30.5°。

无论数值模拟还是试验结果，试验拱桥 3均为典型的“四铰机构”破坏模式。就模拟破坏形式而言，作用荷载区域和被动区域均出现土体屈服。由图 5.31(a)和(b)可知，作用荷载侧的土体滑移面进入边界区域，一般情况而言，该计算结果并不是最小理论上限解。模型试验槽的尺寸应该做适度调整，以全部涵盖拱桥破坏影响范围。

对于试验拱桥 1和试验拱桥 3，在桥墩处理上运用了一些技巧，桥墩用混凝土制作，分为上下两部分，可移动桥墩在上下两部分间采用砂浆进行砌筑；而固定桥墩则直接浇筑成整体。在数值模型方面，两者的区别是不设置砂浆或砌缝接触面。

由图 5.14 可知，从三轴试验中获得黏土的剪切强度因差异性较大而难以确定。从图 5.31 不难发现，荷载作用处土体破坏模式明显，载荷板因土体局部破坏而刺入土体。拱桥最终的破坏也是“四铰机构”破坏类型，只是右侧的桥墩进入被动区域土体，引起较大的剪切带。试验获得的拱圈破坏形式与模拟结果极其一致，拱圈上个别砌块因破坏而分离。如图 5.32 所示，试验拱桥 2 破坏时被动侧土体滑移的速度倾角为 23.7°，DLO 法模拟破坏模式被动侧土体滑移面倾角为 26.1°。

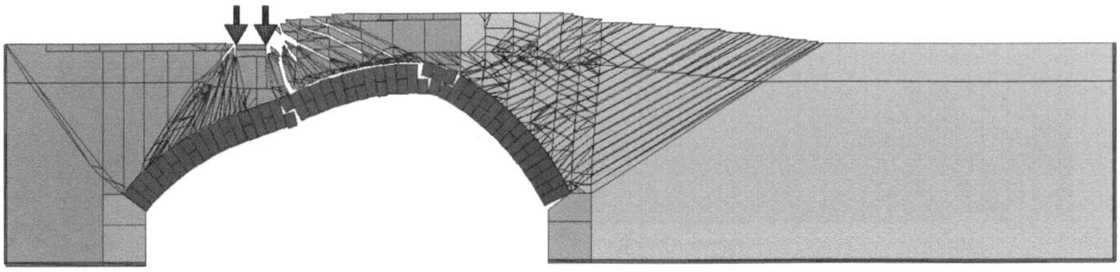

(a) 试验拱桥 3 破坏模式(节点目标数3000)

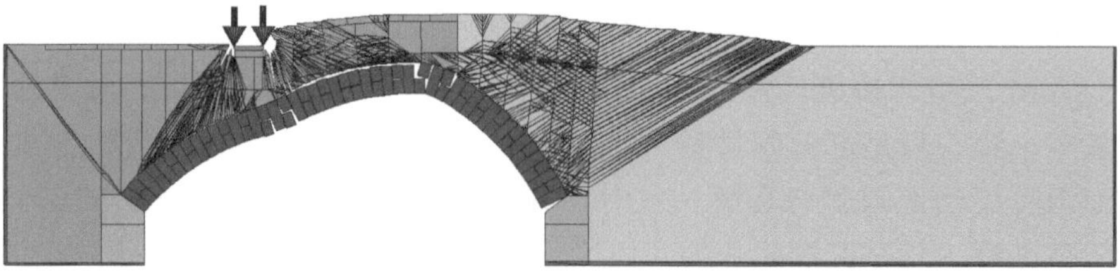

(b) 试验拱桥 3 破坏模式(节点目标数5000)

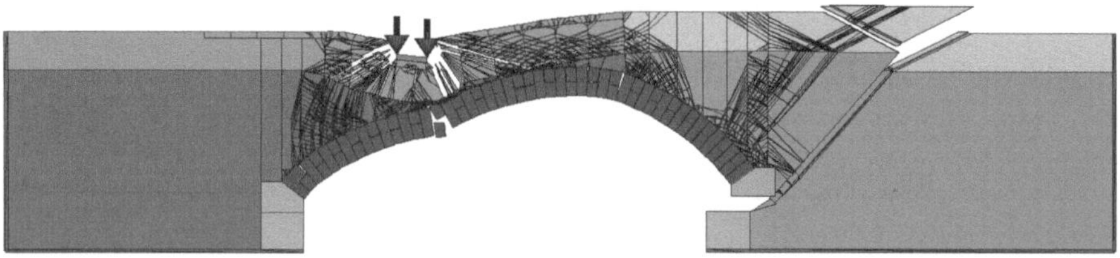

(c) 试验拱桥 2 破坏模式(节点目标数5000)

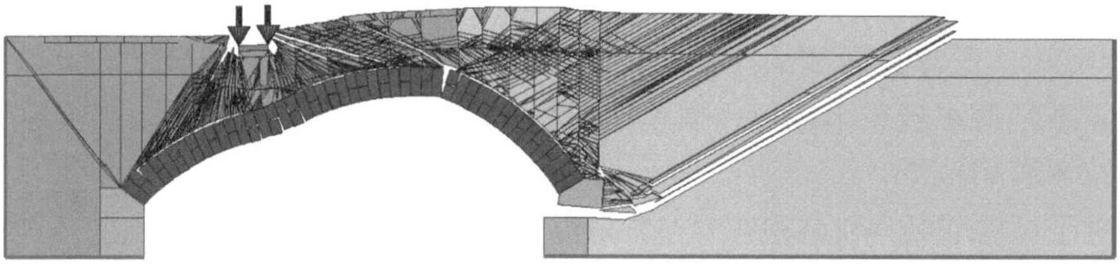

(d) 试验拱桥 1 破坏模式(节点目标数6000)

图 5.31　Salford 拱桥破坏 DLO 法模拟示意图

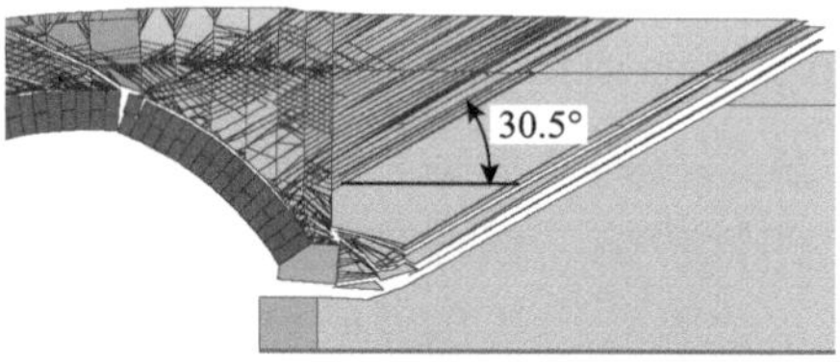

(a) 试验拱桥1破坏模式DLO法模拟结果

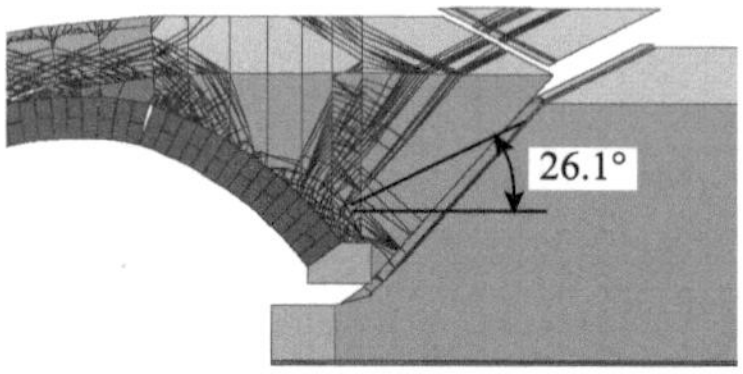

(b) 试验拱桥2破坏模式DLO法模拟结果

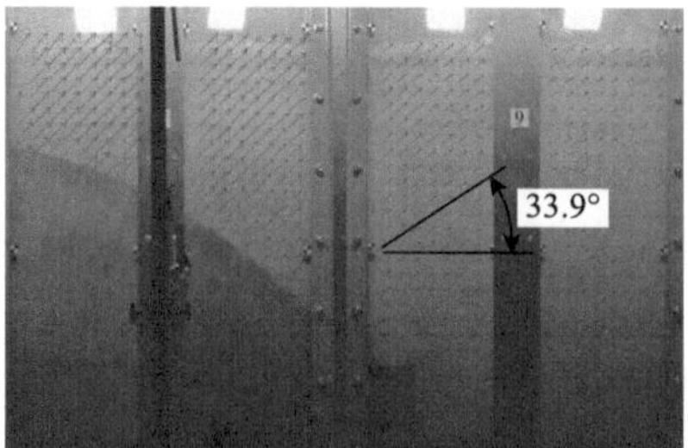

(c) 试验拱桥1破坏模式PIV速度矢量图

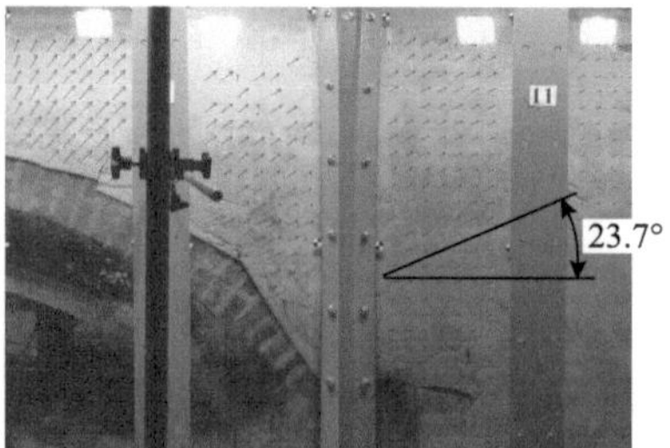

(d) 试验拱桥2破坏模式PIV速度矢量图

图 5.32　拱桥被动侧土体速度矢量局部放大图

另外，试验拱桥 2 采用黏土作为回填土，从试验结果来看，回填土材料对拱桥的极限承载力影响显著，但由于试验拱桥 1 和试验拱桥 2 几何尺寸有差异，影响程度的绝对性难以量化。

5.3　小　　结

由于土体-结构相互作用机理较为复杂，DLO 法构造形式与常规有限元差异较大，因此结构单元和土体-结构接触面的引入是必要环节。尽管数学构造形式上满足位移协调性，但是 DLO 法必须考虑应变协调性，在拱桥承载力问题中合理区分土体主动区域和被动区域，并选择特定应变条件下的强度参数，可以确保在数学和物理意义上应变协调性的统一，也提高了数值计算的精度和可靠度。

应变协调性或发挥强度的引入为 DLO 法考虑物理意义上的位移协调性创造了条件，为 DLO 法在各类岩土工程问题中的应用创造了可能。尽管 DLO 法功能强大，需要的参数较少，但对于应用范畴需要持审慎的态度，小心求证，以避免有限元过度使用或误用的问题。

附录V　转动功率表达式推导

对对数螺旋线黏聚力转动做功进行推导。180°对数螺旋线黏聚力转动 ω 做功为

$$W=\int_0^{\pi} c\mathrm{d}s(r\omega\cos\varphi) \tag{V.1}$$

式中，$\mathrm{d}s$ 为弧长。因此

$$W=c\omega\cos\varphi\int_0^{\pi} r\mathrm{d}s \tag{V.2}$$

而

$$\cos\varphi=\frac{r\mathrm{d}\psi}{\mathrm{d}s} \tag{V.3}$$

式中，ψ 为沿弧长起点顺时针转角。因此

$$W=c\omega\int_0^{\pi} r^2\mathrm{d}\psi=c\omega\int_0^{\pi} r_0\exp(\psi\tan\varphi)\mathrm{d}\psi$$

$$W = {r_0}^2 c\omega \int_0^{\pi} \exp(2\psi \tan\varphi) \mathrm{d}\psi = {r_0}^2 c\omega \left[\frac{\exp(2\psi \tan\varphi)}{2\tan\varphi} \right]_0^{\pi}$$

$$W = \frac{{r_0}^2 c\omega}{2\tan\varphi} \left[\exp(2\pi \tan\varphi) - 1 \right]$$

$$W = \frac{c\omega}{2\tan\varphi} \left(r_1^2 - r_0^2 \right) = \frac{c\omega}{2\tan\varphi} \left(r_1 - r_0 \right) l = \frac{c\omega u l^2}{\tan\varphi} \tag{V.4}$$

转动破坏，考虑其对数螺旋线：

$$r_0 = \frac{l}{1 + \exp(\pi \tan\varphi)} \tag{V.5}$$

式中，r_0 为对数螺旋线端点；l 为边界线段的长度。如果边界的转动角度为 ω，那么其最终影响可等效为线段中点的转动 ω 并伴随着剪胀 n_ω，即

$$n_\omega = u l \omega \tag{V.6}$$

式中，$u = \dfrac{1}{2} - \dfrac{1}{1 + \exp(\pi \tan\varphi)}$。

除小部分转动单元之外，其他的运动纯粹是平动和等效线段中点的平动。若存在黏聚力 c，则在弧长 l 上的功可以表示为

$$W = \frac{c\omega u l^2}{\tan\varphi} \tag{V.7}$$

第 6 章　结论与展望

6.1　结　　论

在土力学中，许多问题都是以塑性塌陷引起的破坏作为控制条件的。因此，发展直接而有效的方法来计算破坏荷载，其实际意义不言而喻。因此，本书在塑性极限分析上限定理的基础上，采用新型的点阵格栅离散形式，建立能量耗散非连续面拓扑优化模型，借助线性数学规划方法，围绕岩土工程稳定性问题，展开详细的研究和讨论。纵观全书，主要结论如下：

(1) 本书借鉴桁架结构优化的相关成果，采用点阵离散，构建节点间连线为非连续面特征，形成一个以结构极限承载力或安全系数为目标函数、以非连续面速度场为优化变量、以对机动容许速度场的各种制约为约束条件的线性规划问题。通过对冗余构件(非连续面)删除和有效构件的增加提出新型的自适应节点连接策略，加速对优化问题的求解，使得线性优化问题可以处置大规模变量优化问题，更利于解决实际工程问题。

(2) 鉴于边坡稳定性分析的需要，结合 DLO 法新颖的离散形式，引入孔隙水压力系数，对土质和岩质边坡的平动稳定性进行分析。无论地层、几何还是结构构造的复杂性，DLO 法均能获得全域范围内的优化解，其直接的结果和可视化的破坏模式更胜于常规的数值计算方法。

(3) 为扩大极限分析的应用范围，本书引入可以考虑土体-结构的接触单元和结构单元破坏形式，拓展平动和转动破坏模式，并在此基础上分别对锚定板桩墙、基坑内支撑围护结构及砌块挡土墙等问题进行了详细的探讨和研究。结果表明，极限分析法中接触单元的引入能充分考虑实际工程问题的土体-结构接触条件下的力学特性。

(4) 结合 Salford 大学拱桥稳定性足尺模型试验的测试数据，DLO 法从参数选择、拱圈(肋)破坏类型、回填土体的运动趋势以及拱桥极限承载力等方面进行全方位比较，揭示在拱桥结构体系中回填土的应变水平或结构与土体的应变协调性是不可回避的岩土参数选择问题。发挥强度有利于 DLO 法合理界定极限荷载或安全系数。

总体而言，本书采用桁架结构优化的自适应基结构法对求解数值极限分析上限法是可行的和有效的。鉴于上述工作，本书的创新点包含以下方面：

(1)考虑极限定理的对偶性，构造新型的离散方式，并构建以能量耗散非连续面为优化对象的线性规划问题，利用杆件(非连续面)的增加和删除方式趋近优化解，使得计算效率和规模都有所提高，优化变量可达数十万量级。

(2)建立统一通用的边坡稳定性分析程序，能满足土质和岩质边坡的分析需要，对于复杂的几何、地层和地质构造等条件均适用。

(3)对于块体结构体系和含土体-结构相互作用的土工结构的稳定性分析进行了全面的探讨和研究，如砌体墙、砌块挡土墙、岩质边坡、基坑支护体系等。

(4)全面探讨砌体拱桥的承载力特性，对于回填土体的应变特性，尤其是发挥强度参数的引入，应结合应变水平整体考虑，若不考虑发挥强度参数，通过 DLO 法进行数值计算可能会高估砌体拱桥的极限承载力。

6.2 展　　望

本书对数值极限分析上限法及其应用进行了一些新的探讨，但是相关工作仍有待进一步深入研究，主要包括以下几个方面。

1)板结构的承载力分析

根据桁架结构、连续体结构与非连续面拓扑优化的相似性，可以考虑将 DLO 法应用到板结构的极限承载力问题中，如图 6.1 所示。建立统一的点阵离散方式，构造板结构弯矩失稳的线性优化问题，直观显示板的破坏模式。

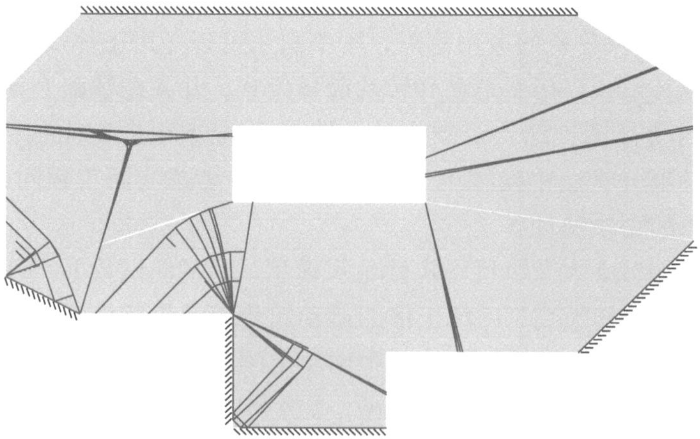

(a) 板破坏临界滑移线分布示意图

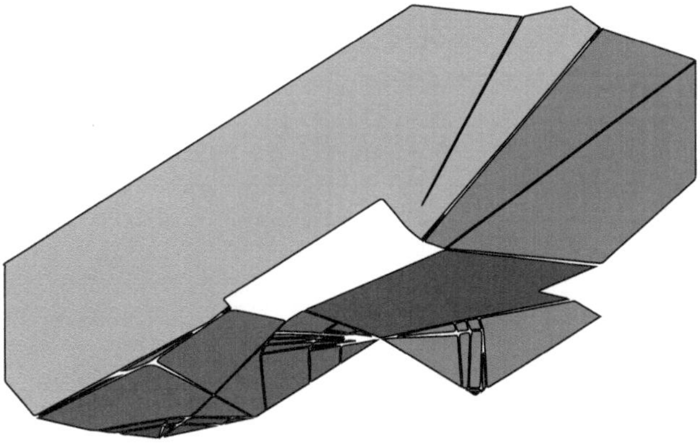

(b) 板破坏示意图

图 6.1　孔洞楼板的极限承载力问题

2) 土拱效应

岩土的土拱效应是客观和普遍存在的自然现象，但是土力学各类教材中均没有涉及该项内容，使得土拱效应更具神秘色彩。借助数值极限分析上限法的优势，直观界定不同几何条件下土拱效应的破坏模式，有助于更好地了解和掌握土拱效应的基本特征。以落门试验(trapdoor test)为基础进行模型试验校核，已验证 DLO 法的有效性，如图 6.2 和图 6.3 所示。

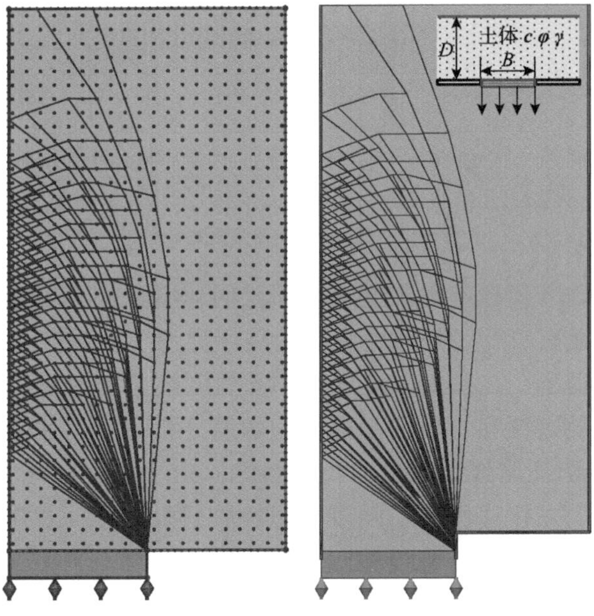

(a) $D/B=3$

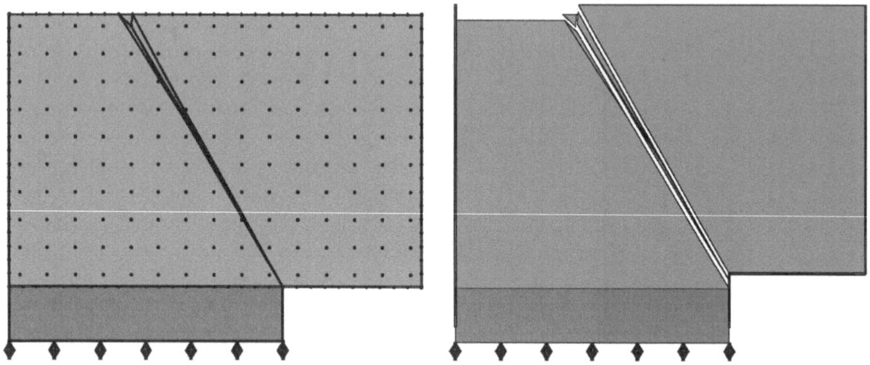

(b) $D/B=0.5$

图 6.2　落门试验 DLO 法模拟

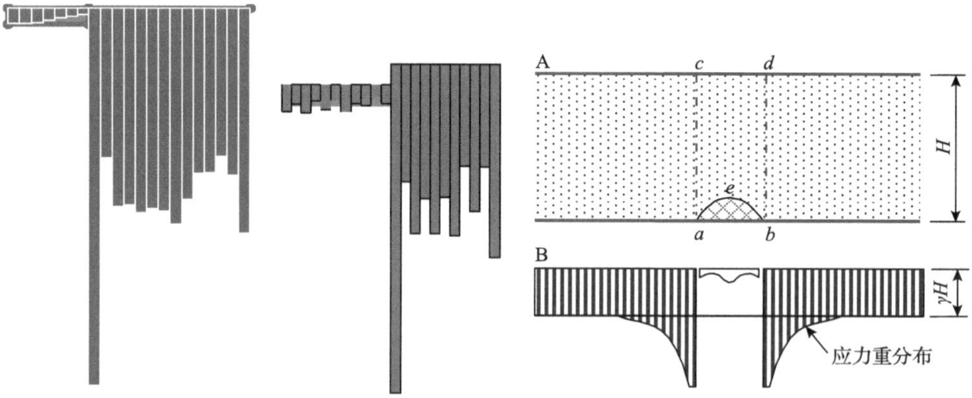

(a) $D/B=5$应力分布　　(b) $D/B=3$应力分布　　(c) Terzaghi落门试验底板应力示意图

图 6.3　落门试验底板应力分布图(落门宽度固定)

D/B 表示覆土高度与落门宽度之比

另外，对于钻井工程的水平井井壁稳定问题的分析，也值得进行 DLO 法应用研究，其含义有二：一是井壁失稳的破坏类型，在理论上均可由数值极限分析上限法模拟得出；二是极限定理并不受温度效应的影响。这有利于厘清影响井壁稳定性的关键因素，对多场耦合的数值分析可降为非耦合状态分析。

DLO 法采用了几何降维的技巧，因此推广至三维应用，也是其主要的研究方向之一。总之，DLO 法作为一种新型的数值分析手段，还需要经过大量的工程案例和理论模型进行检验和校核。

参 考 文 献

陈祖煜. 2002. 土力学经典问题的极限分析上、下限解[J]. 岩土工程学报, 24(1): 1-11.

陈祖煜. 2003. 土质边坡稳定分析-原理、方法、程序[M]. 北京: 中国水利水电出版社.

陈祖煜, 高锋. 1997. 地基承载力的数值分析方法[J]. 岩土工程学报, 19(5): 6-13.

陈祖煜, 汪小刚. 2000. 极限分析数值方法[M]//土工计算分析. 北京: 中国建筑工业出版社: 215-231.

黄齐武. 2007. 基于锥形规划理论的数值极限分析下限法及其应用[D]. 上海: 同济大学.

黄齐武. 2019. 基于非连续面拓扑优化技术的块体结构体系稳定性分析方法[J]. 岩土工程学报, 41(12): 2233-2242.

李国英, 沈珠江. 1997. 下限原理有限元法及其在土工问题中的应用[J]. 岩土工程学报, 19(5): 84-89.

李泽, 王均星. 2007. 基于非线性规划的岩质边坡有限元塑性极限分析下限法研究[J]. 岩石力学与工程学报, 26(4): 747-753.

沈卫平. 1985. 极限分析的改进迭代方法[J]. 计算结构力学及其应用, 2(3): 57-67.

杨洪杰, 沈珠江, 王建华, 等. 2003. c-φ 材料的三维上限分析[J]. 上海交通大学学报, 37(12): 1923-1926.

杨洪杰, 葛修润, 王建华, 等. 2004. 序列二次规划(SQP)算法在三维下限分析中的应用[J]. 上海交通大学学报, 6: 992-995.

杨小礼. 2002. 线性与非线性破坏准则下岩土极限分析方法及其应用[D]. 长沙: 中南大学.

杨小礼, 李亮, 刘宝深. 2001. 大规模优化及其在上限定理有限元中的应用[J]. 岩土工程学报, 23(5): 602-605.

赵尚毅, 郑颖人, 邓卫东. 2003. 用有限元强度折减法进行节理岩质边坡稳定性分析[J]. 岩石力学与工程学报, 22(2): 254-260.

郑颖人, 赵尚毅, 邓卫东. 2003. 岩质边坡破坏机制有限元数值模拟分析[J]. 岩石力学与工程学报, 22(12): 1943-1952.

Alwis W A M. 2000. Discrete element slip model of plasticity[J]. Engineering Structures, 22(11): 1494-1504.

Anderheggen E. 1977. Finite Element Analysis Assuming Rigid-Ideal-Plastic Material Behavior[M]. Basel: Springer: 1-17.

Anderheggen E, Knöpfel H. 1972. Finite element limit analysis using linear programming[J]. International Journal of Solids and Structures, 8(12): 1413-1431.

Andersen E D, Gondzio J, Mészáros C, et al. 1996. Implementation of interior point methods for large scale linear programming[M]//Interior Point Methods in Mathematical Programming. Dordrecht: Kluwer Academic Publishers, 189-252.

Andersen E D, Roos C, Terlaky T. 2003. On implementing a primal-dual interior-point method for conic quadratic optimization[J]. Mathematical Programming, 95(2): 249-277.

Andersen K D. 1996a. A modified Schur-complement method for handling dense columns in interior-point methods for linear programming[J]. ACM Transactions on Mathematical Software, 22(3): 348-356.

Andersen K D. 1996b. An efficient Newton barrier method for minimizing a sum of Euclidean norms[J]. SIAM Journal on Optimization, 6(1): 74-95.

Andersen K D, Christiansen E. 1995. Limit analysis with the dual affine scaling algorithm[J]. Journal of Computational and Applied Mathematics, 59(2): 233-243.

Andersen K D, Christiansen E. 1998. Minimizing a sum of norms subject to linear equality constraints[J]. Computational

Optimization and Applications, 11: 65-79.

Andersen K D, Christiansen E, Overton M L. 1998. Computing limit loads by minimizing a sum of norms[J]. SIAM Journal on Scientific Computing, 19(3): 1046-1062.

Andersen K D, Christiansen E, Conn A R, et al. 2000. An efficient primal-dual interior-point method for minimizing a sum of Euclidean norms[J]. SIAM Journal on Scientific Computing, 22(1): 243-262.

Assadi A, Sloan S W. 1991. Undrained stability of shallow square tunnel[J]. Journal of Geotechnical Engineering, 117(8): 1152-1173.

Augarde C E, Lyamin A V, Sloan S W. 2003. Stability of an undrained plane strain heading revisited[J]. Computers and Geotechnics, 30(5): 419-430.

Babiker A F, Smith C, Gilbert M. 2010. Application of discontinuity layout optimization to problems involving non-associative friction[C]//Proceedings of the 7th European Conference on Numerical Methods in Geotechnical Engineering, Trondheim, 45-50.

Baggio C, Trovalusci P. 1998. Limit analysis for no-tension and frictional three-dimensional discrete systems[J]. Mechanics of Structures and Machines, 26(3): 287-304.

Baggio C, Trovalusci P. 2000. Collapse behaviour of three-dimensional brick-block systems using non-linear programming[J]. Structural Engineering and Mechanics, 10(2): 181-195.

Baker R. 1980. Determination of the critical slip surface in slope stability computations[J]. International Journal for Numerical and Analytical Methods in Geomechanics, 4(4): 333-359.

Baker R, Frydman S. 1983. Upper bound limit analysis of soil with non-linear failure criterion[J]. Soils and Foundations, 23(4): 34-42.

Bandini P. 2003. Numerical limit analysis for slope stability and bearing capacity calculations[D]. West Lafayette: Purdue University.

Basudhar P K, Singh D N. 1994. A generalized procedure for predicting optimal lower bound break-out factors of strip anchors[J]. Géotechnique, 44(2): 307-318.

Basudhar P K, Madhav M R, Valsangkar A J. 1981. Sequential unconstrained minimization in the optimal lower bound bearing capacity analysis[J]. Indian Geotechnical Journal, 11(1): 42-55.

Bauer S, Lackner R. 2015. Gradient-based adaptive discontinuity layout optimization for the prediction of strength properties in matrix-inclusion materials[J]. International Journal of Solids and Structures, 63: 82-98.

Belytschko T, Hodge P G. 1970. Plane stress limit analysis by finite elements[J]. Journal of the Engineering Mechanics Division, ASCE, 96(6): 931-944.

Ben-Tal A, Nemirovski A S. 2001. Lectures on modern convex optimization: Analysis, algorithms, and engineering applications[M]//MPS-SIAM Series on Optimization. Philadelphia: Society for Industrial and Applied Mathematics.

Berak E G, Gerdeen J. 1990. A finite element technique for limit analysis of structures[J]. Journal of Pressure Vessel Technology, Transactions of the ASME, 112(2): 138-144.

Bisbos C D, Makrodimopoulos A, Pardalos P M. 2005. Second-order cone programming approaches to static shakedown analysis in steel plasticity[J]. Optimization Methods and Software, 20(1): 25-52.

Bleyer J, Buhan P D. 2013. On the performance of non-conforming finite elements for the upper bound limit analysis of plates[J]. International Journal for Numerical Methods in Engineering, 94(3): 308-330.

Bolton M D. 1993. Codes, standards and design guides[C]//Proceedings International Conference on Retaining Structures, Institution of Civil Engineers, Cambridge, 387-402.

Boothby T E. 1994. Stability of masonry piers and arches including sliding[J]. Journal of Engineering Mechanics, 120 (2) : 304-319.

Boothby T E, Brown C B. 1992. Stability of masonry piers and arches[J]. Journal of Engineering Mechanics, 118 (2) : 367-383.

Borges L A, Zouain N, Huespe A E. 1996. A nonlinear optimization procedure for limit analysis[J]. European Journal of Mechanics-A/Solids, 15 (3) : 487-512.

Borges L A, Zouain N, Costa C, et al. 2001. An adaptive approach to limit analysis[J]. International Journal of Solids and Structures, 38 (10-13) : 1707-1720.

Bottero A, Negre R, Pastor J, et al. 1980. Finite element method and limit analysis theory for soil mechanics problem[J]. Computer Methods in Applied Mechanics and Engineering, 22 (1) : 131-149.

Boulbibane M, Ponter A. 2005. Limit loads for multilayered half-space using the linear matching method[J]. Computers and Geotechnics, 32 (7) : 535-544.

Boulbibane M, Ponter A R S. 2014. Slope stability analysis based upon the linear matching method[J]. International Journal of Civil and Structural Engineering Research, 2 (1) : 150-157.

Buhan P, Mangiavacchi R, Nova R, et al. 1989. Yield design of reinforced earth walls by a homogenization method[J]. Géotechnique, 39 (2) : 189-201.

Camargo J, Velloso R Q, Vargas E A. 2016. Numerical limit analysis of three-dimensional slope stability problems in catchment areas[J]. Acta Geotechnica, 11: 1369-1383.

Capsoni A. 1999. A mixed finite element model for plane strain limit analysis computations[J]. Communications in Numerical Methods in Engineering, 15 (2) : 101-112.

Capsoni A, Corradi L. 1997. A finite element formulation of the rigid-plastic limit analysis problem[J]. International Journal for Numerical Methods in Engineering, 40 (11) : 2063-2086.

Cardoso A S, Guerra N, Antão A N, et al. 2006. Limit analysis of anchored concrete soldier-pile walls in clay under vertical loading[J]. Canadian Geotechnical Journal, 43 (5) : 516-530.

Casapulla C, D'Ayala D. 2001. Lower-bound approach to the limit analysis of 3D vaulted block masonry structures[C]//Proceedings of the 5th International Symposium on Computer Methods in Structural Masonry. Swansea: Computers and Geotechnics Limited.

Casciaro R, Cascini L. 1982. A mixed formulation and mixed finite elements for limit analysis[J]. International Journal for Numerical Methods in Engineering, 18 (2) : 211-243.

Casciaro R, Carlo A D, Valente G. 1971. Discussion of "Plane stress limit analysis by finite elements"[J]. Journal of the Engineering Mechanics Division, 97 (5) : 1560-1566.

Ceradini G, Gavarini C. 1968a. Calcolo a rottura e programmazione lineare. Continui bi-e tridimensionali. Nota Ⅰ. Fondamenti teorici[J]. Giornale del Genio Civile, 106 (2-3) : 125-137.

Ceradini G, Gavarini C. 1968b. Calcolo a rottura e programmazione lineare. Continui bi-e tridimensionali. Nota Ⅱ. Applicazioni a piastre e a volte di rivoluzione[J]. Giornale del Genio Civile, 106 (4) : 163-180.

Chen J, Yin J H, Lee C F. 2003. Upper bound limit analysis of slope stability using rigid finite elements and nonlinear programming[J]. Canadian Geotechnical Journal, 40 (4) : 742-752.

Chen J, Yin J H, Lee C F. 2005. The use of an SQP algorithm in slope stability analysis[J]. Communications in Numerical Methods in Engineering, 21 (1) : 23-37.

Chen S, Liu Y, Cen Z. 2008a. Lower-bound limit analysis by using the EFG method and non-linear programming[J].

International Journal for Numerical Methods in Engineering, 74(3): 391-415.

Chen S, Liu Y, Cen Z. 2008b. Lower bound shakedown analysis by using the element free Galerkin method and non-linear programming[J]. Computer Methods in Applied Mechanics and Engineering, 197(45-48): 3911-3921.

Chen W F. 1975. Limit Analysis and Soil Plasticity[M]. New York: Elsevier Scientific Publishing Company.

Chen W F, Giger M W. 1971. Limit analysis of stability of slopes[J]. Journal of the Soil Mechanics and Foundations Division, ASCE, 97(1): 19-26.

Chen W F, Liu X L. 1990. Limit Analysis in Soil Mechanics[M]. Amsterdam: Elsevier Science.

Chen W F, Snitbhan N. 1975. On slip surface and slope stability analysis[J]. Soils and Foundations, 15(3): 41-49.

Cheng Y M. 2003. Location of critical failure surface and some further studies on slope stability analysis[J]. Computers and Geotechnics, 30(3): 255-267.

Cheng Y M, Li L, Chi S C. 2007. Performance studies on six heuristic global optimization methods in the location of critical slip surface[J]. Computers and Geotechnics, 34(6): 462-484.

Christiansen E. 1980. Limit analysis in plasticity as a mathematical programming problem[J]. Calcolo, 17: 41-65.

Christiansen E. 1981. Computation of limit loads[J]. International Journal for Numerical Methods in Engineering, 17(10): 1547-1570.

Christiansen E. 1996. Limit analysis of collapse states[M]//Handbook of Numerical Analysis. Amsterdam: North-Holland, 4: 193-312.

Christiansen E, Kortanek K O. 1991. Computation of the collapse state in limit analysis using the LP primal affine scaling algorithm[J]. Journal of Computational and Applied Mathematics, 34(1): 47-63.

Christiansen E, Andersen K D. 1999. Computation of collapse states with von Mises type yield condition[J]. International Journal for Numerical Methods in Engineering, 46(8): 1185-1202.

Christiansen E, Pedersen O S. 2001. Automatic mesh refinement in limit analysis[J]. International Journal for Numerical Methods in Engineering, 50(6): 1331-1346.

Ciria H, Peraire J, Bonet J. 2008. Mesh adaptive computation of upper and lower bounds in limit analysis[J]. International Journal of Numerical Methods in Engineering, 75(8): 899-944.

Clarke S D, Smith C, Gilbert M. 2010. Analysis of the stability of sheet pile walls using discontinuity layout optimization[C]//Proceedings of the 7th European Conference on Numerical methods in Geotechnical Engineering, Trondheim, 163-168.

Clément D. 1982. Résolution numérique d'un problèm modèle en plasticité[D]. Paris: Université Paris-Sud.

Cohn M, Maier G. 1977. Engineering plasticity by mathematical programming[C]//Proceedings of the NATO Advanced Study Institute, University of Waterloo, New York: Pergamon Press.

Crumpton M. 2018. Adaptive discontinuity layout optimization for geotechnical stability analysis[D]. Newcastle: University of Newcastle.

Cyras A. 1983. Analysis and Optimization of Elastoplastic Systems[M]. Chichester: Ellis Horwood.

Dawson E M, Roth W H, Drescher A. 1999. Slope stability analysis by strength reduction[J]. Géotechnique, 49(6): 835-840.

Donald I B, Giam P. 1992. The ACADS slope stability programs review[C]//Proceedings of the 6th International Symposium on Landslides, Rotterdam.

Donald I B, Chen Z. 1997. Slope stability analysis by the upper bound approach: Fundamentals and methods[J]. Canadian Geotechnical Journal, 34(6): 853-862.

Dong N. 2009. Application of computational limit analysis to soil-structure interaction in masonry arch bridges[D]. Sheffield: University of Sheffield.

Dorn W S, Gomory R E, Greenberg H J. 1964. Automatic design of optimal structures[J]. Journal de Mechanique, 3 (1): 25-52.

Drescher A, Detournay E. 1993. Limit load in translational failure mechanisms for associative and non-associative materials[J]. Géotechnique, 43 (3): 443-456.

Drucker D C. 1954. Coulomb friction, plasticity and limit loads[J]. Journal of Applied Mechanics, 21 (1): 71-74.

Drucker D C, Prager W. 1952. Soil mechanics and plastic analysis of limit design[J]. Quarterly of Applied Mathematics, 10 (2): 157-165.

Drucker D C, Prager W, Greenberg H J. 1952. Extended limit design theorems for continuous media[J]. Quarterly of Applied Mathematics, 9 (4): 381-391.

Duncan J M. 1996. State of the art: Limit equilibrium and finite element analysis of slopes[J]. Journal of Geotechnical Engineering, 122 (7): 577-596.

Faccioli E, Vitiello E. 1973. A finite element, linear programming methods for the limit analysis of thin plates[J]. International Journal for Numerical Methods in Engineering, 5 (3): 311-325.

Fairfield C A, Ponniah D A. 1993. Geotechnical considerations in arch bridge assessment[J]. Highways and Transportation, 40 (7): 11-15.

Ferris M C, Tin-Loi F. 2001. Limit analysis of frictional block assemblies as a mathematical program with complementarity constraints[J]. International Journal of Mechanical Sciences, 43 (1): 209-224.

Francescato P, Pastor J, Thai T. 2001. Yield strength of porous materials[J]. Comptes Rendus de l'Académie des Sciences-Series IIB-Mechanics, 329 (10): 753-760.

Franco J R Q, Ponter A R S, Barros F B. 2003. Adaptive F. E. method for the shakedown and limit analysis of pressure vessels[J]. European Journal Mechanics-A/Solids, 22: 525-533.

François A, Abdelkader H, An L T H, et al. 2007. Application of lower bound direct method to engineering structures[J]. Journal of Global Optimization, 37: 609-630.

Friaâ A. 1979. Generalized Norton-Hoff law in plasticity and viscoplasticity[D]. Paris: Paris University.

Frydman S, Burd H J. 1997a. Bearing capacity of plane-strain footings on layered soils[J]. Canadian Geotechnical Journal, 34 (2): 241-253.

Frydman S, Burd H J. 1997b. Numerical studies of bearing-capacity factor N_γ[J]. Journal of Geotechnical and Geoenvironmental Engineering, ASCE, 123 (1): 20-29.

Ganneau F P, Ulm F J, Gondzio J, et al. 2007. An algorithm for computing the compressive strength of heterogeneous cohesive-frictional materials-application to cement paste[J]. Computers and Geotechnics, 34 (4): 254-266.

Gao Y. 1988. Panpenalty finite element programming for plastic limit analysis[J]. Computers & Structures, 28 (6): 749-755.

Gaudrat V F. 1991. A Newton type algorithm for plastic limit analysis[J]. Computer Methods in Applied Mechanics and Engineering, 88 (2): 207-224.

Gilbert M, Melbourne C. 1994. Rigid-block analysis of masonry structures[J]. The Structural Engineer, 72 (21): 356-361.

Gilbert M, Tyas A. 2003. Layout optimization of large-scale pin-jointed frames[J]. Engineering Computations, 20 (8): 1044-1064.

Gilbert M, Casapulla C, Ahmed H M. 2006. Limit analysis of masonry block structures with non-associative frictional joints using linear programming[J]. Computers & Structures, 84(13-14): 873-887.

Gondzio J, Sarkissian R. 1997. Column generation with a primal-dual method[R]. Logilab Technical Report 96.6, Geneva: University of Geneva.

Greco V R. 1996. Efficient Monte Carlo technique for locating critical slip surface[J]. Journal of Geotechnical Engineering, 122(7): 517-525.

Griffiths D V, Lane P A. 1999. Slope stability analysis by finite elements[J]. Géotechnique, 49(3): 387-403.

Hamadouche M A. 2002. Kinematic shakedown by the Norton-Hoff-Friaâ regularising method and augmented Lagrangian[J]. Comptes Rendus Mécanique, 330(5): 305-311.

Hambleton J P, Sloan S W. 2013. A perturbation method for optimization of rigid block mechanisms in the kinematic method of limit analysis[J]. Computers and Geotechnics, 48: 260-271.

Hansen J B. 1961. A General Formula for Bearing Capacity[M]. Copenhagen: Geoteknisk Institut.

Hansen J B, Christiansen N H. 1969. Discussion of theoretical bearing capacity of very shallow footings[J]. Journal of the Soil Mechanics and Foundations Division, ASCE, 95(SM6): 1568-1572.

Hawksbee S J. 2012. 3D ultimate limit state analysis using discontinuity layout optimization[D]. Sheffield: University of Sheffield.

Hayes D J, Marçal P V. 1967. Determination of upper bounds for problems in plane stress using finite element techniques[J]. International Journal of Mechanical Sciences, 9(5): 245-251.

Heitzer M, Staat M. 2003. Basis reduction technique for limit and shakedown problems[M]//Numerical Methods for Limit and Shakedown Analysis-Deterministic and Probabilistic Problems (Part Ⅰ), Jülich: John von Neumann Institute for Computing.

Hemp W S. 1973. Optimum Structures[M]. Oxford: Clarendon Press.

Herskovits J. 1986. A two-stage feasible directions algorithm for nonlinearly constrained optimization[J]. Mathematical Programming, 36: 19-38.

Hjiaj M, Fortin J, Saxce G D. 2003. A complete stress update algorithm for the non-associated Drucker-Prager model including treatment of the apex[J]. International Journal of Engineering Science, 41(10): 1109-1143.

Hjiaj M, Lyamin A V, Sloan S W. 2005. Numerical limit analysis solutions for the bearing capacity factor N_γ[J]. International Journal of Solids and Structures, 42(5-6): 1681-1704.

Ho P, Le C, Chu T. 2019. The equilibrium cell-based smooth finite element method for shakedown analysis of structures[J]. International Journal of Computational Methods, 16(5): 1840013.

Hodge P G, Belytschko T. 1968. Numerical methods for the limit analysis of plates[J]. Journal of Applied Mechanics, 35(4): 796-802.

Huang Q, Jia C, Xia B, et al. 2011. Novel computational implementations for stability analysis[J]. Applied Mechanics and Materials, 90-93: 778-785.

Hutula D N. 1976. Finite element limit analysis of two-dimensional plane structures[C]//Proceedings of the ASME Annual Meeting on Limit Analysis Using Finite Elements, ASME, New York, 35-51.

Ionescu I R, Lachand-Robert T. 2005. Generalized Cheeger sets related to landslides[J]. Calculus of Variations and Partial Differential Equations, 23: 227-249.

Ionescu I R, Oudet É. 2010. Discontinuous velocity domain splitting in limit analysis[J]. International Journal of Solids and Structures, 47(10): 1459-1468.

Jiang G L. 1994. Regularized method in limit analysis[J]. Journal of Engineering Mechanics, ASCE, 120(6): 1179-1197.

Jiang G L. 1995. Non-linear finite element formulation of kinematic limit analysis[J]. International Journal for Numerical Methods in Engineering, 38(16): 2775-2807.

Jiang G L, Mangan J P. 1997. Stability analysis of embankments comparison of limit analysis with method of slices[J]. Géotechnique, 47(4): 857-872.

Karmarker N. 1984. A new polynominal-time algorithm for linear programming[J]. Combinatorica, 4: 373-395.

Keawsawasvong S, Ukritchon B. 2019. Undrained basal stability of braced circular excavations in non-homogeneous clays with linear increase of strength with depth[J]. Computers and Geotechnics, 115: 103180.

Keawsawasvong S, Chaonoi W, Chavda J T, et al. 2022. Undrained lateral resistance of fixed-headed rectangular and circular piles[J]. Transportation Infrastructure Geotechnology, 10: 1208-1223.

Kim J, Salgado R, Yu H S. 1999. Limit analysis of soil slopes subjected to pore-water pressures[J]. Journal of Geotechnical and Geoenvironmental Engineering, 125(1): 49-58.

Kim J, Salgado R, Lee J. 2002. Stability analysis of complex soil slopes using limit analysis[J]. Journal of Geotechnical and Geoenvironmental Engineering, 128(7): 546-557.

Kobayashi S. 2003. Development of hybrid rigid plastic finite element method based on primal-dual interior point method(in Japanese)[J]. Journal of Applied Mechanics, 6: 95-106.

Koopman D C A, Lance R H. 1965. On linear programming and plastic limit analysis[J]. Journal of the Mechanics and Physics of Solids, 13(2): 77-87.

Krabbenhoft K, Damkilde L. 2002. Lower bound limit analysis of slabs with nonlinear yield criteria[J]. Computers & Structures, 80(27-30): 2043-2057.

Krabbenhoft K, Damkilde L. 2003. A general non-linear optimization algorithm for lower bound limit analysis[J]. International Journal for Numerical Methods in Engineering, 56(2): 165-184.

Krabbenhoft K, Damkilde L, Krabbenhoft S. 2005a. Ultimate limit state design of sheet pile walls by finite elements and nonlinear programming[J]. Computers & Structures, 83(4-5): 383-393.

Krabbenhoft K, Lyamin A V, Hjiaj M, et al. 2005b. A new discontinuous upper bound limit analysis formulation[J]. International Journal for Numerical Methods in Engineering, 63(2): 1069-1088.

Laudiero F. 1972. Limit analysis of plates with piecewise linear yield surface[J]. Meccanica, 7: 105-110.

Le C V. 2010. Novel numerical procedures for limit analysis of structures: Mesh-free methods and mathematical programming[D]. Sheffield: University of Sheffield.

Le C V, Gilbert M, Askes H. 2009. Limit analysis of plates using the EFG method and second-order cone programming[J]. International Journal for Numerical Methods in Engineering, 78(13): 1532-1552.

Le C V, Askes H, Gilbert M. 2010a. Adaptive element-free Galerkin method applied to the limit analysis of plates[J]. Computer Methods in Applied Mechanics and Engineering, 199(37-40): 2487-2496.

Le C V, Nguyen-Xuan H, Askes H, et al. 2010b. A cell-based smoothed finite element method for kinematic limit analysis[J]. International Journal for Numerical Methods in Engineering, 83(12): 1651-1674.

Le C V, Nguyen-Xuan H, Nguyen-Dang H. 2010c. Upper and lower bound limit analysis of plates using FEM and second-order cone programming[J]. Computers and Structures, 88(1-2): 65-73.

Le C V, Askes H, Gilbert M. 2012. A locking-free stabilized kinematic EFG model for plane strain limit analysis[J]. Computers & Structures, 106-107: 1-8.

Le C V, Nguyen-Xuan H, et al. 2013. Computation of limit load using edge-based smoothed finite element method and second-order cone programming[J]. International Journal of Computational Methods, 10(1): 1340004.

Li H X, Yu H S. 2005. Kinematic limit analysis of frictional materials using nonlinear programming[J]. International Journal of Solids and Structures, 42 (14) : 4058-4076.

LimitState. 2009. LimitState: GEO Manual Version 2.0, September 3, 2009 Edition[Z]. Sheffield: LimitState: 50-51.

Liu F, Zhao J. 2013a. Upper bound limit analysis using radial point interpolation meshless method and nonlinear programming[J]. International Journal of Mechanical Sciences, 70: 26-38.

Liu J, Zhao J. 2013b. Limit analysis of slope stability by rigid finite-element method and linear programming considering rotational failure[J]. International Journal of Geomechanics, 13 (6) : 827-839.

Liu Y, Cen Z, Xu B. 1995. Numerical limit analysis of cylindrical shells with part-through slots[J]. International Journal of Pressure Vessels and Piping, 64 (1) : 73-82.

Liu Y, Zhang X, Cen Z. 2004. Numerical determination of limit loads for three-dimensional structures using boundary element method[J]. European Journal of Mechanics-A/Solids, 23 (1) : 127-138.

Liu Y, Zhang X, Cen Z. 2005. Lower bound shakedown analysis by the symmetric Galerkin boundary element method[J]. International Journal of Plasticity, 21 (1) : 21-42.

Livesley R K. 1978. Limit analysis of structures formed from rigid blocks[J]. International Journal for Numerical Methods in Engineering, 12 (12) : 1853-1871.

Livesley R K. 1992. A computational model for the limit analysis of three-dimensional masonry structures[J]. Meccanica, 27: 161-172.

Loukidis D, Bandini P, Salgado R. 2003. Stability of seismically loaded slopes using limit analysis[J]. Géotechnique, 53 (5) : 463-479.

Lyamin A V. 1999. Three-dimensional lower bound limit analysis using nonlinear programming[D]. Newcastle: University of Newcastle.

Lyamin A V, Sloan S W. 2002a. Lower bound limit analysis using non-linear programming[J]. International Journal for Numerical Methods in Engineering, 55 (5) : 573-611.

Lyamin A V, Sloan S W. 2002b. Upper bound analysis using linear finite elements and non-linear programming[J]. International Journal for Numerical and Analytical Methods in Geomechanics, 26: 181-216.

Lyamin A V, Sloan S W. 2003. Mesh generation for lower bound limit analysis[J]. Advances in Engineering Software, 34 (6) : 321-338.

Lyamin A V, Sloan S W, Krabbenhoft K, et al. 2005. Lower bound limit analysis with adaptive remeshing[J]. International Journal for Numerical Methods in Engineering, 63 (14) : 1961-1974.

Lysmer J. 1970. Limit analysis of plane problems in soil mechanics[J]. Journal of the Soil Mechanics and Foundations Division, 96 (SM4) : 1311-1334.

Mackenzie D, Boyle J. 1992. A method of estimating limit loads by iterative elastic analysis I—Simple examples[J]. International Journal of Pressure Vessels and Piping, 53 (1) : 77-95.

Maier G. 1969. Shakedown theory in perfect elastoplasticity with associated and nonassociated flow-laws: A finite element, linear programming approach[J]. Meccanica, 4: 250-260.

Maier G, Munro J. 1982. Mathematical programming application to engineering plastic analysis[J]. Applied Mechanics Reviews, 35 (32) : 1631-1643.

Maier G, Grierson D, Best M. 1977. Mathematical programming methods for deformation analysis at plastic collapse[J]. Computers & Structures, 7 (5) : 599-612.

Makrodimopoulos A. 2010. Remarks on some properties of conic yield restrictions in limit analysis[J]. International

Journal for Numerical Methods in Biomedical Engineering, 26(11): 1449-1461.

Makrodimopoulos A, Bisbos C. 2003. Shakedown analysis of plane stress problems via SOCP[M]//Numerical Methods for Limit and Shakedown Analysis-Deterministic and Probabilistic Problems（Part Ⅵ）. Jülich: John von Neumann Institute for Computing.

Makrodimopoulos A, Martin C M. 2006. Lower bound limit analysis of cohesive-frictional materials using second-order cone programming[J]. International Journal for Numerical Methods in Engineering, 66(4): 604-634.

Makrodimopoulos A, Martin C M. 2008. Upper bound limit analysis using discontinuous quadratic displacement fields[J]. Communications in Numerical Methods in Engineering, 24(11): 911-927.

Malkawi H A I, Hassan W F, Sarma S K. 2001. Global search method for locating general slip surface using Monte Carlo techniques[J]. Journal of Geotechnical and Geoenvironmental Engineering, 127(8): 688-698.

Melbourne C, Gilbert M. 1995. The behaviour of multi-ring brickwork arch bridges[J]. The Structural Engineer, 73(3): 39-47.

Mercier B. 1977. Sur la théorie et l'analyse numérique de problèmes de plasticité[D]. Paris: Université Pierre et Marie Curie.

Merifield R S, Sloan S W, Yu H S. 1999. Rigorous plasticity solutions for bearing capacity of two-layered clays[J]. Géotechnique, 49(4): 471-490.

Merifield R S, Sloan S W, Yu H S. 2001. Stability of plate anchors in undrained clay[J]. Géotechnique, 51(2): 141-153.

Merifield R S, Lyamin A V, Sloan S W. 2003. Three-dimensional lower bound solutions for stability of plate anchors in clay[J]. Journal of Geotechnical and Geoenvironmental Engineering, 129(3): 243-253.

Merifield R S, Lyamin A V, Sloan S W. 2005. Stability of inclined strip anchors in purely cohesive soil[J]. Journal of Geotechnical and Geoenvironmental Engineering, 131(6): 792-799.

Michalowski R L. 1998. Limit analysis in stability calculations of reinforced soil structures[J]. Geotextiles and Geomembranes, 16(6): 311-331.

Michalowski R L, Shi L. 1993. Bearing capacity of footings over two-layer foundation soils[J]. Journal of Geotechnical Engineering, ASCE, 21(5): 421-428.

Michalowski R L, Zhao A. 1995. Continuum versus structural approach to stability of reinforced soil[J]. Journal of Geotechnical Engineering, 121(2): 152-162.

Milani G, Lourenço P B. 2009. A discontinuous quasi-upper bound limit analysis approach with sequential linear programming mesh adaptation[J]. International Journal of Mechanical Sciences, 51: 89-104.

Milani G, Zuccarello F A, Olivito R S, et al. 2007. Heterogeneous upper-bound finite element limit analysis of masonry walls out-of-plane loaded[J]. Computational Mechanics, 40(6): 911-931.

Muñoz J J, Lyamin A V, Huerta A. 2013. Stability of anchored sheet wall in cohesive-frictional soils by FE limit analysis[J]. International Journal for Numerical and Analytical Methods in Geomechanics, 37(13): 1213-1230.

Munro J. 1982. Plastic analysis in geomechanics by mathematical programming[M]//Numerical Methods in Geomechanics, NATO Advanced Study Institutes Series, Volume 92, Dordrecht: Springer: 247-272.

Nagtegaal J C, Parks D M, Rice J R. 1974. On numerically accurate finite element solutions in the fully plastic range[J]. Computer Methods in Applied Mechanics and Engineering, 4(2): 153-177.

Nesterov Y E, Nemirovskii A. 1994. Interior-point polynomial algorithms in convex programming[M]//SIAM Studies in Applied Mathematics, 13, Philadelphia: Society for Industrial and Applied Mathematics.

Nguyen-Dang H. 1976. Direct limit analysis via rigid-plastic finite elements[J]. Computer Methods in Applied Mechanics and Engineering, 8(1): 81-116.

Nguyen-Xuan H, Rabczuk T, Nguyen-Thoi T, et al. 2012. Computation of limit and shakedown loads using a node-based smoothed finite element method[J]. International Journal for Numerical Methods in Engineering, 90(3): 287-310.

Orduña A, Lourenço P B. 2003. Cap model for limit analysis and strengthening of masonry structures[J]. Journal of Structural Engineering, 129(10): 1367-1375.

Orduña A, Lourenço P B. 2005a. Three-dimensional limit analysis of rigid blocks assemblages. Part I: Torsion failure on frictional joints and limit analysis formulation[J]. International Journal of Solids and Structures, 42(18-19): 5140-5160.

Orduña A, Lourenço P B. 2005b. Three-dimensional limit analysis of rigid blocks assemblages. Part II: Load-path following solution procedure and validation[J]. International Journal of Solids and Structures, 42(18-19): 5161-5180.

Page J. 1993. Masonry Arch Bridges—State of the Art Review[M]. London: Her Majesty Stationary Office UK.

Panzeca T. 1992. Shakedown and limit analysis by the boundary integral equation method[J]. European Journal of Mechanics-A/Solids, 11(5): 685-699.

Pastor J, Thai T H, Francescato P. 2003. Interior point optimization and limit analysis: An application[J]. Communications in Numerical Methods in Engineering, 19(10): 779-785.

Phuc H L H. 2020. Development of novel meshless method for limit analysis and shakedown analysis of structures and materials[D]. Ho Chi Minh: University of Technology and Education.

Ponter A R S, Carter K. 1997. Limit state solutions, based upon linear elastic solutions with a spatially varying elastic modulus[J]. Computer Methods in Applied Mechanics and Engineering, 140(3-4): 237-258.

Ponter A R S, Fuschi P, Engelhardt M. 2000. Limit analysis for a general class of yield conditions[J]. European Journal of Mechanics-A/Solids, 19(3): 401-421.

Pontes I D S, Borges L A, Zouain N, et al. 1997. An approach to limit analysis with cone-shaped yield surfaces[J]. International Journal for Numerical Methods in Engineering, 40(21): 4011-4032.

Rajan S D. 1995. Sizing, shape, and topology design optimization of trusses using genetic algorithm[J]. Journal of Structural Engineering, American Society of Civil Engineers, 121(10): 1480-1487.

Renegar J. 2001. A Mathematical View of Interior-Point Methods in Convex Optimization[M]. Philadelphia: Society for Industrial and Applied Mathematics.

Salgado R, Lyamin A V, Sloan S W, et al. 2004. Two- and three-dimensional bearing capacity of foundations in clay[J]. Géotechnique, 54(5): 297-306.

Schmüdderich C, Lavasan A A, Tschuchnigg F, et al. 2020. Bearing capacity of a strip footing placed next to an existing footing on frictional soil[J]. Soils and Foundations, 60(1): 229-238.

Seitzberger M, Rammerstorfer F G. 1999. Study of axisymmetric crushing mechanisms by sequential limit analysis[J]. International Journal of Crashworthiness, 4(4): 379-394.

Senent S, Yi C, Jimenez R. 2020. An upper bound solution for tunnel face stability considering free span[J]. Tunnelling and Underground Space Technology, 103(1): 103515.

Shiau J S, Lyamin A V, Sloan S W. 2003. Bearing capacity of a sand layer on clay by finite element limit analysis[J]. Canadian Geotechnical Journal, 40(5): 900-915.

Shiau J S, Lai V Q, Keawsawasvong S. 2023. Multivariate adaptive regression splines analysis for 3D slope stability in anisotropic and heterogenous clay[J]. Journal of Rock Mechanics and Geotechnical Engineering, 15(4): 1052-1064.

Sloan S W. 1988a. A steepest edge active set algorithm for solving sparse linear programming problems[J]. International

Journal for Numerical and Analytical Methods in Engineering, 26 (12) : 2671-2685.

Sloan S W. 1988b. Lower bound limit analysis using finite elements and linear programming[J]. International Journal for Numerical and Analytical Methods in Engineering, 12 (1) : 61-77.

Sloan S W. 1989. Upper bound limit analysis using finite elements and linear programming[J]. International Journal for Numerical and Analytical Methods in Geomechanics, 13 (3) : 263-282.

Sloan S W, Assadi A. 1991. Undrained stability of a square tunnel in a soil whose strength increases linearly with depth[J]. Computers and Geotechnics, 12 (4) : 321-346.

Sloan S W, Assadi A. 1994. Undrained stability of a plane strain heading[J]. Canadian Geotechnical Journal, 31 (3) : 443-450.

Sloan S W, Kleeman P W. 1995. Upper bound limit analysis using discontinuous velocity fields[J]. Computer Methods in Applied Mechanics and Engineering, 127 (1-4) : 293-314.

Smith C C, Cubrinovski M. 2011. Pseudo-static limit analysis by discontinuity layout optimization: Application to seismic analysis of retaining walls[J]. Soil Dynamics and Earthquake Engineering, 31 (10) : 1311-1323.

Smith C C, Gilbert M. 2007. Application of discontinuity layout optimization to plane plasticity problems[J]. Proceedings of the Royal Society A: Mathematical, Physical and Engineering Sciences, 463 (2086) : 2461-2484.

Smith C C, Gilbert M. 2013. Identification of rotational failure mechanisms in cohesive media using discontinuity layout optimization[J]. Géotechnique, 63 (14) : 1194-1208.

Sutcliffe D J, Yu H S, Page A W. 2001. Lower bound limit analysis of unreinforced masonry shear walls[J]. Computers & Structures, 79 (14) : 1295-1312.

Tin-Loi F, Ngo N S. 2003. Performance of the *p*-version finite element method for limit analysis[J]. International Journal of Mechanical Sciences, 45 (6-7) : 1149-1166.

Tran T N, Liu G, Nguyen-Xuan H, et al. 2010. An edge-based smoothed finite element method for primal-dual shakedown analysis of structures[J]. International Journal for Numerical Methods in Engineering, 82 (7) : 917-938.

Tran T N, Le C, Pham D, et al. 2014. Shakedown reduced kinematic formulation, separated collapse modes, and numerical implementation[J]. International Journal of Solids and Structures, 51 (15-16) : 2893-2899.

Turgeman S, Pastor J. 1982. Limit analysis: A linear formulation of the kinematic approach for axisymmetric mechanic problems[J]. International Journal for Numerical and Analytical Methods in Geomechanics, 6 (1) : 109-128.

Ukritchon B. 1998. Application of numerical limit analyses for undrained stability problems in clay[D]. Cambridge: Massachusetts Institute of Technology.

Ukritchon B, Whitle A J, Sloan S W. 1998. Undrained limit analyses for combined loading of strip footings on clay[J]. Journal of Geotechnical and Geoenvironmental Engineering, ASCE, 124 (3) : 265-276.

Ukritchon B, Whittle A J, Klangvijit C. 2003a. Calculations of bearing capacity factor N_γ using numerical limit analyses[J]. Journal of Geotechnical and Geoenvironmental Engineering, ASCE, 129 (6) : 468-474.

Ukritchon B, Whittle A J, Sloan S W. 2003b. Undrained stability of braced excavations in clay[J]. Journal of Geotechnical and Geoenvironmental Engineering, 129 (8) : 739-755.

Wang Y J. 2001. Stability analysis of slopes and footings considering different dilation angles of geomaterials[D]. Hong Kong: Hong Kong Polytechnic University.

Wang Y J, Yin J H, Chen Z Y. 2001. Calculation of bearing capacity of a strip footing using an upper bound method[J]. International Journal for Numerical and Analytical Methods in Geomechanics, 25 (8) : 841-851.

Wilson D W, Abbo A J, Sloan S W, et al. 2011. Undrained stability of a circular tunnel where the shear strength increases linearly with depth[J]. Canadian Geotechnical Journal, 48(9): 1328-1342.

Wilson D W, Abbo A J, Sloan S W, et al. 2013. Undrained stability of a square tunnel where the shear strength increases linearly with depth[J]. Computers and Geotechnics, 49: 314-325.

Yan A M, Nguyen-Dang H. 1999. Limit analysis of cracked structures by mathematical programming and finite element technique[J]. Computational Mechanics, 24: 319-333.

Yang H J, Shen Z J, Wang J H. 2003. 3D lower bound bearing capacity of smooth rectangular surface footings[J]. Mechanics Research Communications, 30: 481-492.

Yang W H. 1993. Large deformations of structures by sequential limit analysis[J]. International Journal of Solids and Structures, 30(7): 1001-1013.

Yu H S, Sloan S W. 1997. Finite element limit analysis of reinforced soils[J]. Computers & Structures, 63(3): 567-577.

Yu H S, Sloan S W, Kleeman P W. 1994. A quadratic element for upper bound limit analysis[J]. Engineering Computations, 11(3): 195-212.

Yu H S, Salgado R, Sloan S W, et al. 1998. Limit analysis versus limit equilibrium for slope stability[J]. Journal of Geotechnical and Geoenvironmental Engineering, ASCE, 124(1): 1-11.

Yu X, Tin-Loi F. 2006. A simple mixed finite element for static limit analysis[J]. Computers & Structures, 84(29-30): 1906-1917.

Yuan Y, Whittle A J. 2013. Evaluation and prediction of 17th Street Canal I-wall stability using numerical limit analyses[J]. Journal of Geotechnical and Geoenvironmental Engineering, 139(6): 841-852.

Zavelani-Rossi A Z. 1972. A new linear programming approach to limit analysis in variational method in engineering[C]//Proceedings of the International Conference on Variational Methods in Engineering, Southampton: Southampton University Press, 64-79.

Zavelani-Rossi A Z. 1974. A compact linear programming procedure for optimal design in plane stress[J]. Journal of Structural Mechanics, 2(4): 301-324.

Zhang X, Liu Y, Cen Z. 2004. Boundary element methods for lower bound limit and shakedown analysis[J]. Engineering Analysis with Boundary Elements, 28(8): 905-917.

Zhang Y. 2017. Multi-slicing strategy for the three-dimensional discontinuity layout optimization(3D DLO)[J]. International Journal for Numerical and Analytical Methods in Geomechanics, 41(4): 488-507.

Zhou S T, Liu Y H. 2012. Upper-bound limit analysis based on the natural element method[J]. Acta Mechanica Sinica, 28(5): 1398-1415.

Zhou S T, Liu Y H, Chen S S. 2012. Upper bound limit analysis of plates utilizing the C1 natural element method[J]. Computational Mechanics, 50(5): 543-561.

Zouain N, Herskovits J, Borges L A, et al. 1993. An iterative algorithm for limit analysis with nonlinear yield functions[J]. International Journal of Solids and Structures, 30(10): 1397-1417.

Zouain N, Borges L A, Silveira J L. 2002. An algorithm for shakedown analysis with nonlinear yield functions[J]. Computer Methods in Applied Mechanics and Engineering, 191(23-24): 2463-2481.